# The Coffee Cupper's handbook
# 스페셜티 커피
# 감별법

Ted R. Lingle 지음, 양경욱 역

SCAA 커핑 가이드
커피 커퍼를 위한 핸드북

光 文 閣
www.kwangmoonkag.co.kr

## 미국 스페셜티커피협회

1982년 설립된 미국 스페셜티커피협회 SCAA는 커피 산업을 대표하는 세계에서 가장 큰 비영리 무역 단체다. SCAA의 사명은 미국 및 전 세계의 2천 개 이상 회원사들과 더불어, 교육과 정보 교환을 통해 커피의 우수성과 소비를 진작하는 것이다. 이 사명은 협회 회원들을 위하여 그리고 그들의 도움을 받아 수행되는데, 여기엔 커피 재배자, 수출업자, 수입업자, 로스터 그리고 소매업자는 물론, 카페 종사자와 관련 산업의 대표까지 포함한다.

# SCAA

## Coffee Taster's Flavor Wheel

(2016년 개정)

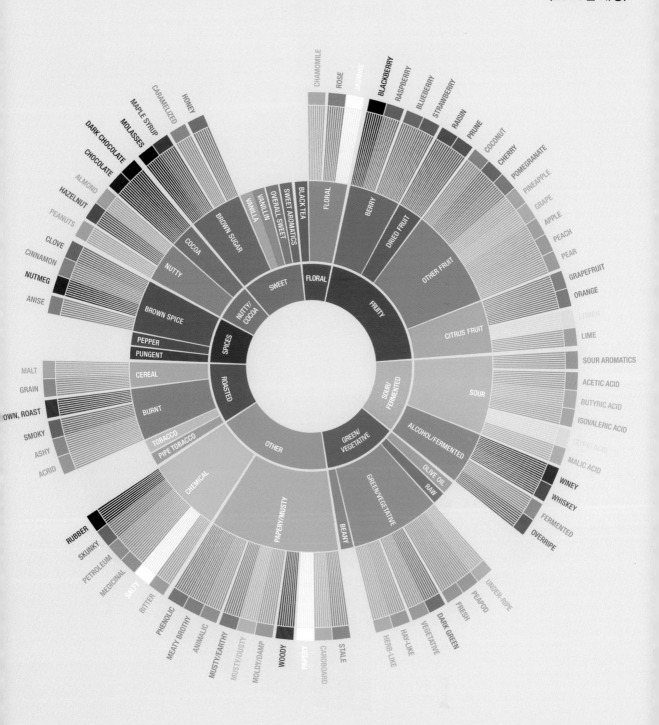

# Coffee Taster's Flavor Wheel

커피 테이스터용 풍미 휠

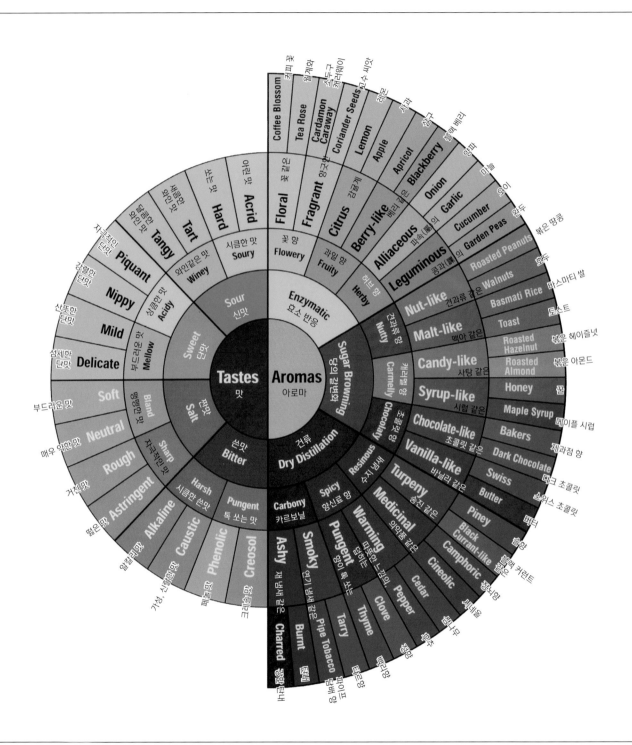

## Tastes & Aromas

맛과 아로마

# Coffee Taster's Flavor Wheel

커피 테이스터용 풍미 휠

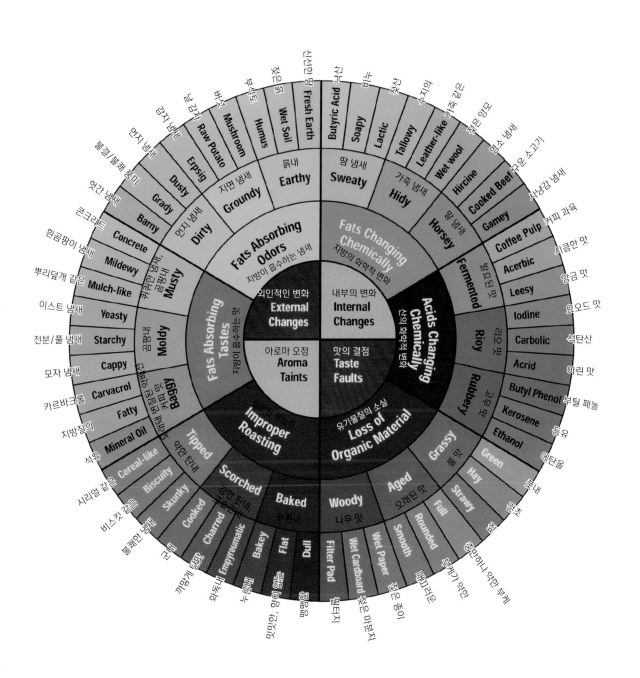

# Taints & Faults

오점과 결점

河出書房新社,《図説 コーヒー》, 57쪽

① 커핑용 커피가루를 준비한다.
② 커피가루의 향기(프레이그런스)를 맡는다.
③ 컵에 뜨거운 물을 붓는다.
④ 향기를 체크한다.
⑤ 표면 위로 뜬 가루를 섞어서 향기 (아로마)를 체크한다.
⑥ 표면의 거품을 스푼으로 조심스럽 게 걷어낸다.
⑦ 커피 액을 강하게 빨아들인다.
⑧ 다음 컵으로 옮길 때마다 스푼을 물로 헹군다.

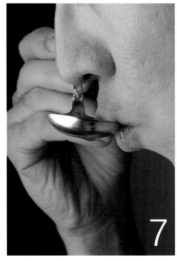

# CONTENTS

## 머리말

커피 풍미 용어에서의 기본적인 어려움은 우리의 언어 안에 내재한다. 많은 단어들이 시각, 청각, 그리고 촉각에 대한 감각을 설명하곤 있지만, 냄새와 맛의 감각을 설명하는 단어는 적다. 풍미 용어는 향, 악취, 냄새, 향기, 맛, 풍미, 그리고 바디 같은 관련 단어의 오용 때문에 더 복잡하고, 그것들 모두 대화와 글 쓰기에 무차별적으로 적용되고 있다.

문제를 해결하려면 커피 추출액 속에 있는 화학적 성분들의 향과 맛의 특징을 의미 있고 정확하게 설명하도록 촉진하기 위한, 포괄적이고 보편적으로 이해된 커피 풍미 언어의 발전이 필요하다. 커피 풍미 언어는 화학자, 화학 공학자, 식품 기술자, 화학 조미료 전문가들의 정밀한 과학적 용어뿐만 아니라 생두 재배자, 수입자, 중계인, 바이어, 그리고 로스터 같은 비화학자들이 사용하는 비전문가 용어를 모두 반영해야 한다.

커피 풍미 언어는 또한 용어를 환기시키는 자극의 본질을 반영해야 한다. 기체, 액체, 고체 모두가 상품의 독특한 풍미에 개별적으로 기여하는 바를 가장 잘 묘사하는 일련의 용어가 필요하다. 만일 뭔가가 기체가 되지 않는다면, 우리는 냄새를 맡을 수 없다. 만일 뭔가가 액체가 되지 않는다면, 우리는 맛을 볼 수 없다. 그리고 증발하고 용해되는 것들을, 우리는 단지 입안에서 느낄 수 있을 뿐이다. 그러므로 향, 맛, 그리고 입안의 촉감은 어떤 포괄적인 풍미 언어의 분리된 구성 요소들이고, 각자의 독자 용어로 표현되어야 한다.

풍미 용어 문제를 다루기 시작할 장소는 업계 사람들 가운데 놓인 커핑 테이블이다. 커퍼 몇 명이 동시에 동일한 추출 음료에서 향과 맛의 특징을 느낄 때, 그들이 체험하는 풍미에 적절한 단어를 합의하기 시작할 수 있으며, 이는 향, 맛, 그리고 바디의 인상에 대한 효과적인 커뮤니케이션으로 이끈다. 이러한 경험을 다른 언어, 전통, 문화 그리고 공통의 경험으로 번역하는 것은 그 커뮤니케이션이 의미가 있는지가 고려되어야 한다.

《커피 커퍼를 위한 핸드북》은 가장 적합하고 서술적인 용어에 대한 논의를 시작하기 위해 고안된 것이며, 확정적인 교본이라 여기는 것은 아니다.

# 감사의 말

《커피 커퍼를 위한 핸드북》이 내가 애초에 그리던 것보다 더 나은 프로젝트로 진화하게 된 데는 세 사람의 노력이 아주 컸다. 보스턴의 골든 식음료 회사의 마빈 골든은, 커피의 향기 특성의 중요성에 대하여 확고하게 주장함으로써 내가 커피의 맛에 대한 단순한 논문을 확장하게끔 고무했다. 워싱턴 DC 커피 발전 그룹의 커뮤니케이션 디렉터인 샌드 사보는, 그의 작가적 기량으로 장황하고 어색한 대목들을 명쾌하고 간결한 산문으로 탈바꿈시켰다. 그리고 샌프란시스코 Coffee, Tea, and Spice의 필리스 발덴호퍼는 그의 편집 기술 그리고 탁월함에 대한 단호한 탐구로 복잡한 용어의 나열을 밀고 당기고 재촉해 명쾌한 개념의 배열로 만들었다. 나는 이 세 커피 친구들의 시간, 에너지, 노력에 대해 빚을 졌다.

국제커피기구의 진흥기금은 커피 발전 그룹의 활동들을 지원함으로써 이 작업을 가능하게 했다. 나는 알렉산드르 벨트라오와 ICO 관리 이사회에 감사드리고 싶다. 그들은 종래의 소매 수퍼마켓 부분을 넘어 다양한 커피 산업 부문을 아우르는 커피 판매촉진 운동을 발전시키려는 비전과 의지를 가졌다.

미국 스페셜티커피협회는 이러한 과업을 수행하고 있다. 회원용 교육 도구로써 《커피 커퍼를 위한 핸드북》의 초판을 인쇄하고 배부하려는 의지를 가진 댄 콕스와 SCAA 감독 이사회에 대해서도 나는 감사드리고 싶다. 소망컨대, 스페셜티 부문이 전체 커피 산업의 '주력'으로 성장하고, 다른 산업 부문들이 새로운 커피 시장의 확대를 향한 새로운 방향을 계획하도록 도우면 좋겠다.

사실상 기술적이긴 하지만, 《커피 커퍼를 위한 핸드북》은 판매와 마케팅 도구로 저술되었다. 스페셜티 커피를 촉진하기 위해서는, 특별한 산지별로 독특한 커피의 풍미 차이들을 정확하게 묘사할 수 있는 언어를 이 산업이 발전시킬 필요가 있다. 사용되는 용어들은 과학적이어야 하고, 각각의 새로운 용어의 정확한 의미를 배우는 장소는 커핑 테이블이라야 한다. 핸드북은 그 시작 단계로서 쓰여졌다.

《커피 커퍼를 위한 핸드북》은 1985년 처음 인쇄된 이래 수차례 개정되었고, 세 개의 언어로 번역되었으며, 커피 산업 종사자 수천 명을 위한 커핑 훈련의 기초로서 이바지해왔다. 새로 개정된 4판은 전문가 수백 명이 10년 넘게 계속 진행한 연구를 반영한다. 커피의 우수성을 이해하고 정의하려는 그들의 헌신에 대하여 무한한 감사를 드린다.

# 서문

지난 25년간 커피에 대한 과학적 지식이 비록 진보해 왔지만, 커피의 풍미에 대한 상당 부분은 아직도 미스터리로 남아 있다. 커피의 독특한 풍미는 확실히 커피가 전 세계에서 널리 수용되고 즐거움을 주는 주요한 이유다. 이 독특하고 대중적인 풍미의 본질을 입증하는 데 있어서의 어려움은 오랫동안 풍미 화학자들의 호기심을 자극하기도 좌절시키기도 했다.

커피 풍미의 줄기를 이해하는 데 있어서의 장애의 일부는 그 복잡성에서 비롯된다. 400개 이상의 유기질*과 무기질*의 화학 성분이 극소량으로 있어, 어느 하나를 커피 풍미의 주요 요소로 간주할 수 없다. 사실 많은 화학 성분은 각각일 때 그리고 농축될 때 매우 불쾌한 맛이 난다. 또한, 커피 풍미의 천연 성분은 실온에서 불안정해서 금방 증발되어 버리거나 다른 성분과 재결합해서 새로운 풍미 성분이 된다.

커피 풍미에 대한 이해는 사람의 입속이 복수의 감각에 반응하는 복잡한 방법 때문에 더 꼬여 버린다. 풍미를 감지하는 우리의 타고난 능력은 향과 맛을 동시에 느끼는 데서 나온다. 수백만 개의 후각 세포와 수천 개의 미뢰는 자극들을 기록하고 나서, 수백 개의 신경섬유를 통해 메시지를 뇌에 전송한다. 일반적인 풍미 인지 과정은 이해가 되지만, 우리의 뇌의 번연계 속에서 자극을 일으키는 정밀한 메커니즘 특히 후각작용은 하나의 미스터리로 남아 있다. 따라서 커피 풍미에 대한 유쾌하거나 불쾌한 양상 모두 온전히 이해되지 않는다.

문제의 복잡성에도 불구하고 우리는 커피의 풍미에 관한 체계적인 관능평가를 위한 간단하고 비기술적인 방법을 개발할 만큼은 알고 있다. 이 핸드북은 구개 안에서 커피의 향, 맛, 그리고 바디의 기본적인 자극의 감각적인 영향들을 설명하고 기술하기 위한 방법을 제시하고 있다.

# 커피 풍미의 자연적인 원천

커피의 풍미에 기여하는 모든 화학적 성분은 자연 발생적으로 발달한다. 그것들은 커피나무가 광합성을 통해 물과 이산화탄소를 당분으로 변환시킬 때 생성된다. 커피나무는 흙으로부터 빨아들인 여러 가지 광물질의 도움으로 자신이 만든 식물 당분을 대사시키는데, 생존과 성장을 위해 사용하기도 하고 발아를 위해 씨(bean) 속에 저장도 한다. 인간은 이런 자연스러운 과정을 수확하고 씨를 건조하고, 열을 가하고 으깨고, 뜨거운 물로 화학 성분을 추출함으로써 중단시킨다. 그 결과물인 커피 음료는 자연 발생하는 유기 및 무기 성분의 복잡한 집합으로부터 얻어진 풍미, 바디, 그리고 색상을 갖고 있다.

커피의 풍미는 입천장에서 향과 맛에 대한 동시적인 느낌이다. 커피 향은 볶아진 커피콩의 기체 상태의 천연 화합물로 이뤄져 있는데, 커피콩이 분쇄된 후에 가스로 사라지고, 커피 가루가 추출된 후에 수증기로 사라진다. 커피의 맛은 수용성 유기 및 무기 자연 화합물로 이뤄져 있으며, 끓이는 과정에서 액체로 추출된다.

입천장은 코의 점막에 있는 후각 세포를 통해 향의 느낌을 기록한다. 냄새를 느끼는 과정을 **후각작용(olfaction)**이라 하는데, 수천 개의 다른 기체 성분을 동시에 감지하는 것이다. 코의 점막은 드러난 화합물의 유형뿐 아니라 그 강도까지 감지하는 능력이 있다. 그것은 이런 향의 느낌을 독특한 패턴으로 해석하고, 기억력은 구별된 냄새로 기록한다.

입천장은 맛의 느낌을 혀에 있는 돌기를 통해 기록한다. 맛을 느끼는 그 과정을 **미각작용(gustation)**이라 부르는데, 네 가지 기본 맛인 단맛, 짠맛, 신맛, 그리고 쓴맛을 동시에 느끼는 것이다. 맛의 조절이라고 불리는 과정을 통해서 이 기본적인 맛의 느낌들은 서로 상호작용해서 폭넓은 맛의 경험 범위를 만들어 낸다. 증발되거나 용해되지 않고 입천장에 남은 잔류물들은 바디라는 느낌을 생성하는데, 그것은 표준 물질, 통상 물에 대한 느낌의 **입안 촉감**(mouthfeel)의 상대적인 비교다.

## 커피 풍미의 관능 평가

커피의 풍미에 대한 관능 평가는 후각작용, 미각작용, 그리고 입안 촉감의 세 단계로 나뉜다.

### ■ 후각작용

*(무언가 기체가 되지 않으면, 우리는 그것의 냄새를 맡을 수 없다.)*

**1단계. 후각작용**은 커피콩 안에 자연적으로 생기기도 하고 로스팅 과정으로 생기기도 하는 휘발성 유기물질*에 대한 관능평가다. 여러 가지 화합물(그것들은 다른 온도에서 액체에서 기체로 변화함)의 상대적 휘발성은 커피의 향을 더 나아가 네 가지 범주로 나눈다.

1. 드라이 아로마(Dry aroma) : 대개 방향(fragrance)을 말하며, 정상적으로는 실온이나 조금 따뜻한 온도에서 기체 상태의 화합물로 이루어져 있다.

2. 컵 아로마(Cup aroma) : 대개 추출액의 표면을 이탈한 증기에서 나온 아로마를 말한다.

3. 비강에서 나온 향(Nose-derived) : 추출액 속 액체나 고체에 흡착되어 갇혔던 증기로부터 나온 것으로 커피가 입으로 들어갈 때 방출된다.

4. 뒷맛(Aftertaste) : 커피를 삼킨 뒤 구개에 남는 커피 잔류물에서 발생하는 증기의 결과다.

뒤의 세 범주는 추출 과정과 관련되어 상승한 온도에서 보통은 기체 화합물로 되어 있다.

커피 아로마의 특징을 평가하는 데는 상이한 네 가지 포인트가 있다 ; ① 볶고 분쇄한 커피콩에서 나는 방향(fragrance), ② 아로마(aroma), ③노즈(nose), ④ 커피 추출액의 뒷맛(aftertaste)

각각의 개별 커피는 고유의 아로마 특성 또는 부케(bouguet)의 패턴을 갖는다. 이러한 독특한 패턴은 커피의 특별한 맛의 조절과 결합될 때 개개 커피의 특유의 풍미 프로파일을 만든다. 후각작용은 그러므로 유사한 산지의 커피들을 구별하는 중요한 감각 수단이다.

### ■ 미각작용

*(무언가 액체가 되지 않으면, 우리는 맛을 볼 수 없다.)*

**2단계.** 미각작용은 추출 과정 중 커피 가루에서 뽑아낸 수용성 물질에 대한 관능평가다. 이 물질은 유기* 및 무기* 화합물로 이뤄져 있다. 커피 속의 유기 물질은 극단적으로 단순화하면 대부분의 채소, 과일, 그리고 견과류에서 공통적으로 발견되는 당, 채소 기름, 그리고 과일산의 한 변형물로 설명될 수 있으며, 그 맛의 범위는 '약간 단'부터 '매우 신'까지 미친다. 커피는 또한 알칼로이드(주로 카페인)로 알려진 유기 화합물과 에스테르(주로 클로로제닉산)를 포함하는데, 그것은 쓴맛의 느낌을 담당한다. 무기 물질은 아주 단순하게는 광염(주로 산화 광물, 특히 칼륨)이라고 말할 수 있는데, 그것은 소금 같은 맛의 느낌을 담당하며, 맛의 범주는 농축 정도에 따라 '단'부터 '떫은'까지 혹은 '비누 같은'부터 '금속성'까지다.

커피의 미각작용에서 중요한 기본 맛의 느낌은 단맛, 신맛, 그리고 짠맛이다. 쓴 느낌의 기능은 쓴맛이 지배적인 맛을 차지하는 저급 커피 또는 강하게 로스팅한 커피를 제외하고는, 나머지 세 가지의 인상을 조정하거나 강화할 뿐이다.

맛의 조율이라는 것은 하나의 기본 맛이 하나 또는 그 이상의 기본 맛의 상대적인 강도에 의해 바뀌어진 것을 인지하는 과정이다. 예를 들어, 토마토 주스에 소금을 넣으면 주스의 단맛을 더 느끼게 된다. 커피의 관능평가에서, 세 가지 기본 맛의 조율은 여섯 가지 중요한 커피 맛으로 이끈다. 이런 이유로, 커피들은 유사한 맛이라는 기초 위에서 광범위한 범주들로 나뉠 수 있는데, 이는 일반적으로 커피들의 산지와 관계가 있다.

### ■ 입안 촉감

*(그리고 증발하거나 용해되지 않는 것들을 우리는 입안에서만 느낄 수 있다.)*

  **3단계. 입안 촉감**은, 입천장에서의 촉감에 대한 관능평가다. 감각기관은 혀, 잇몸, 그리고 딱딱하고 부드러운 입천장 위에 있는 유리 신경종말이다. 커피의 관능평가에 있어서, 이러한 신경종말은 음료의 점도와 유성(기름기)을 감지하는데, 이는 합쳐서 바디(body)라고 한다.

  점도, 혹은 밀도는 물에 비례하여 추출액 속에 부유하는 고형물의 양의 함수다. 이 고형물은 추출 과정에서 걸러지지 않은 콩의 섬유질의 미세입자로 주로 구성되어 있다.

  유성, 혹은 지방 함량은 커피 속의 지방질(지방, 기름, 그리고 왁스)의 양의 함수다. 이 화합물들은 상온에서 생두 안에 지방질(고형물 형태의 기름)로 존재하고, 볶은 커피 속에서는 액체 상태로 존재한다. 이 기름들은 추출 과정 중에 볶고 분쇄된 커피로부터 추출되며 용해되지 않고 분리된 채로 남았다가, 음료 표면에서 유성 잔류물로 합쳐진다.

## 핸드북의 구성

1부에서는 커피 풍미의 화학적 성분뿐 아니라 후각작용, 미각작용, 그리고 입안 촉감을 설명한다. 예를 들어, 휘발성(기체 상태) 케톤과 알데히드는 그것들이 향으로써 커피의 후각작용에 기여한다는 각도에서 논의되었다. 마찬가지로, 비휘발성(액체 상태) 유기산은 그것들이 맛으로써 커피의 미각작용에 기여한다는 점에서 논의되었다. 마지막으로, 용해되지 않은 액체와 고형 성분들은 그것들이 커피의 촉감에 대한 전반적인 기여라는 맥락에서 검토되었다.

2부에서는 커피의 풍미를 저해하는 오점 및 결점들을 열거하고 있다. 이들 일부는 수확, 건조, 저장, 로스팅, 그리고 추출 과정 중 커피콩 속에서 일어나는 여러 가지 화학작용에 원인이 있다. 나머지는 외부 작용물에 의한 감염에서 발생한다.

3부에서는 표본 준비부터 아로마, 맛, 그리고 바디의 평가까지 커핑에 관련된 순차적 단계를 열거하고 있다.

4부에서는 향후 참고 및 비교를 위한 관능평가의 체계적 기록 방법에 사용될 수 있는 여러 형태의 차트와 그래프를 설명하고 있다.

경험이 없는 커퍼를 위해서, 핸드북은 상이한 커피들이 유사한 맛에 근거하여 정리될 수 있는 일반적인 범주들을 만들도록 기획되었다. 경험이 있는 커퍼에게는 비슷한 풍미의 커피들을 아로마 특성에 근거해서 구별하기 위한 어휘들을 제안하고 있다. 모두에게는, 커피 풍미의 구별을 위한 의미 있는 어휘를 만들어 내기 위한 과학적인 틀을 제공한다.

# 1부
# 커피 풍미의 평가
## EVALUATION OF COFFEE'S FLAVOR

## 1단계 : 커피 후각작용
*(무언가 기체가 되지 않으면 우리는 그 냄새를 맡을 수 없다.)*

후각작용은 코의 점막에 있는 감각기관이 대개 수소, 탄소, 질소, 산소, 혹은 황을 포함하는 휘발성 화합물에 자극을 받아 냄새를 맡는 감각이다. 이것들은 킁킁거려서 기체로 들이 마셔질 때 수용체와 접촉하게 되고, 또는 삼켜질 때 증기로 내쉬어진다. 코의 점막은 수천 가지의 다른 냄새를 감지할 수 있으며, 평범한 사람은 2,000~4,000가지의 냄새를 구별할 수 있다.

정상적인 호흡 중, 공기는 후각 점막에까지 도달하지 않는다. 하지만 킁킁거림이나 삼킴이 공기가 일련의 점막들을 거쳐 냄새 분자들이 남은 비강까지 도달하게 한다. 후각작용 지역은 기저세포, 지지세포, 그리고 감각(후각)세포를 포함한다. 인간은 1,000~2,000만 개로 추정되는 그런 수용체들을 갖고 있다.

후각작용의 예리함은 한 사람의 해부학, 생리학, 심리학 같은 외부 요인에 의해 크게 바뀌고 영향을 받을 수 있다. 그 결과는 동시에 제공된 같은 커피가 여러 사람에게 조금 다른 아로마 특성을 보인다는 것이다. 마찬가지로, 같은 커피가 같은 사람에게 다른 시간에 제공될 때 조금 다른 특성을 보인다. 일반적으로 말해서, 커피 커퍼는 특별한 아로마 자극에 대한 과민증보다는 수년간의 경험을 통해 생긴 고도로 발달한 냄새 기억에 의존한다.

화합물들은 킁킁거릴 때 기체로, 삼킬 때 증기로 후각작용 구역에 도달한다.

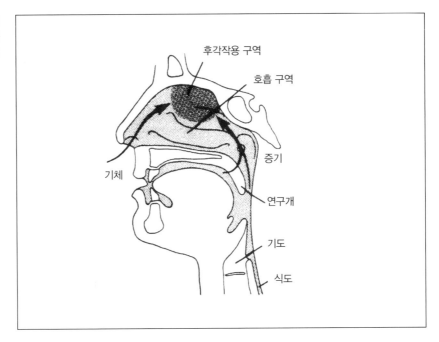

일반적으로 식료품에 관련된 경우, 둘 또는 그 이상의 후각 자극이 동시에 나타나면 다음 여섯 가지 중 하나가 발생한다.

- 각각의 특징을 합한, 하나의 새로운 냄새가 느껴진다.
- 두 개의 다른 냄새가 나타났을 때 둘 모두 기억된다. 먼저 하나가 기억되고 나서 나머지가 관심 대상이 된다.
- 냄새들은 번갈아 맡아진다.
- 냄새들은 동시에 그러나 따로따로 경험된다.
- 한 냄새가 다른 냄새를 가린다.
- 한 냄새가 다른 냄새를 중화시킨다.

커피에서는 위 모든 것이 동시에 일어나는데, 그것은 커피가 다른 친숙한 자연 물질을 생각나게 하는 독특한 아로마 특성을 유지하기 때문이다.

주된 냄새 느낌이 존재하지 않는 동안 특정한 냄새의 느낌들이 포괄적인 범주들로 나뉠 수 있다. 이 범주들은 분자량, 형태, 그리고 극성 같은 냄새의 느낌을 생성하는 특정한 화합물의 특성들에 기초하고 있다. 분자구조 자체가 후각 수용체들이 받은 자극의 강도, 형태, 그리고 다양성에서 공통의 패턴을 떠올리게 한다.

포괄적인 범주들을 발전시키는 데 있어서 커피 속의 방향족 화합물은 두 가지 방법으로 분류된다. 첫 번째는 다양한 요소들을 그 근원에 기초해서 분리한다. 일단 근원에 따라 분류되면, 두 번째 방법은 요소들을 분자 구조, 주로 크기(분자량)의 유사성을 기초로 배열하는 것이다. 커피의 전체적인 아로마 프로필을 설명하는 아홉 개의 간단한 범주들이 그 결과물이다.

## 아로마 성분들을 근원에 따라 분류하기

아로마 성분들은 근원을 기초로 3가지 그룹으로 나눌 수 있다.

---

### 1그룹. 효소작용의 부산물
*(가장 휘발성 있는 향들)*

---

이 그룹은 커피콩이 살아 있는 유기체일 동안 속에서 일어나는 효소작용의 결과물인 방향족 화합물을 포함한다. 주로 에스테르, 그리고 알데히드로 되어 있으며, 가장 휘발성 있는 세트이고, 대개 갓 분쇄한 커피의 마른 향에서 발견된다. 1그룹은 더 나아가 세 개의 범주로 나뉜다 : 꽃 향, 과일 향, 허브 향.

  A. 꽃 향 : Flowery

    1. 꽃 같은 : Floral

      ① 달콤한 꽃 같은 : Sweetly floral(재스민, 아르니카, 라벤더, 커피꽃)

      ② 달콤한 허브 같은 : Sweetly herbal(노루발풀, 월계화)

    2. 향긋한 : Fragrant

      ① 달콤한 향신료 같은 : Sweetly spicy(카르다몸, 시나몬, 백단유)

② 카르본 향 같은 : Carvon-like (캐러웨이, 딜, 스피어민트)

　　③ 달콤한 장뇌 같은 : Sweetly camphoric (나륵꽃, 사철쑥, 고수 씨)

　　④ 아니스 같은 : Anis-like (아니스, 회향, 바질)

B. 과일 향 : Fruity

　1. 감귤류 과일 같은 : Citrus-like

　　① 달콤한 감귤류 과일 : Sweet citrus(레몬, 오렌지, 탄제린)

　　② 마른 감귤류 과일 : Dry citrus(포도, 사과, 올리브)

　2. 베리 같은 : Berry-type

　　① 달콤한 베리 같은 : Sweet berry-like(체리, 살구, 딸기, 대추야자)

　　② 마른 베리 같은 : Dry berry-like(크랜베리, 블랙베리, 보이즌베리)

C. 허브 향 : Herby

　1. 파 같은 : Alliceous

　　① 양파 같은 : Onion-like(양파, 골파)

　　② 마늘 같은 : Garlic-like(마늘, 리크, 아위)

　2. 콩 같은 : Leguminous

　　① 채소 같은 : Vegetable-like (완두, 시금치, 양배추)

　　② 파슬리 같은 : Parsley-like (파슬리, 알파파, 사일리지, 오이)

---

## 2그룹. 당 갈변화의 부산물
### (휘발성이 보통인 향들)

---

　이 그룹은 로스팅 과정 중 발생하는 당의 갈변화(캐러멜화)의 결과물인 방향족 화합물들로 되어 있으며, 이는 다시 견과 향, 캐러멜 향, 초콜릿 향 의 세 가지 기본적인 범주로 나뉜다.

　2그룹은 보통의 휘발성을 갖고 있으며, 갓 내린 신선한 커피의 컵 아로마나, 커피 추출액을 삼킬 때의 노즈(증기)에서도 발견된다. 이 방향족 화합물들의 집합(알데히드, 케톤, 당 카르보닐 화합물, 그리고 피라진 화합물)은 맛의 특성들과 결합해서 커피콩의 각각의 유형의 주요한 풍미 속성들을 생성한다.

이런 당 갈변화의 부산물의 존재는 전적으로 로스팅 과정에 달려 있다. 왜냐하면 알데히드와 케톤은 일반적으로 먼저 약배전 커피에 뚜렷한 견과류의 특징을 발달시키기 때문이다. 로스팅 과정이 계속되면서 당의 분자들은 캐러멜로 알려진 갈색 덩어리로 더 응축되어 가며, 그 덩어리는 이종고리식 화합물, 황 화합물, 그리고 알코올을 포함한다.

그러므로 표준 배전 커피는 캐러멜 같은 특성을 갖는 경향이 있다. 더 열을 가하면 캐러멜을 감소시켜 피라진 화합물로 가며, 강배전한 커피는 초콜릿 같은(chocolaty) 특성을 가질 수도 있다. 이 포인트를 넘어 계속 가열하면 당의 갈변화 부산물을 태워 버리기 시작해서, 2그룹은 강배전 커피에서는 더 이상 독특하지 않다.

A. 견과 향 : Nutty (약배전 커피에서 가장 공통적임)
   1. 볶은 견과 같은 : Nutty
     ① 아몬드 같은 : Almond-like
     ② 땅콩 같은 : Peanut-like
     ③ 호두 같은 : Walnut-like
   2. 맥아 같은 : Malty
     ① 바스마티 쌀 : Basmati rice
     ② 보리 같은 : Barley-like
     ③ 옥수수 같은 : Corn-like
     ④ 볶은 커피 : Roasted coffee
     ⑤ 토스트 : Toast
B. 캐러멜 향 : Caramelly (표준 배전 커피에서 가장 공통적임)
   1. 캔디 같은 : Candy-like
     ① 토피 같은 : Toffee-like
     ② 감초 같은 : Licorice-like

③ 태피 같은 : Taffy-like

④ 프랄린 같은 : Pralines-like

⑤ 헤이즐넛 같은 : Hazelnut-like

2. 시럽 같은 : Syrup-like

① 당밀 같은 : Molasses-like

② 메이플 시럽 같은 : Maple syrup-like

③ 꿀 같은 : Honey-like

C. 초콜릿 향 : Chocolaty (강배전 커피에서 가장 공통적임)

1. 초콜릿 유형 : Chocolate-type

① 제빵용 초콜릿 같은 : Baker's chocolate-like

② 네덜란드식 초콜릿 같은 : Dutch chocolate-like

③ 다크 초콜릿 같은 : Dark chocolate-like

2. 바닐라 같은 : Vanilla-type

① 스위스 초콜릿 같은 : Swiss chocolate-like

② 커스타드 같은 : Custard-like

③ 버터 같은 : Butter-like

---

### 3그룹. 건류 반응의 부산물
*(휘발성이 약한 향들)*

---

콩 섬유질의 건류* (연소) 반응으로 생기는 방향족 화합물들은 3그룹에 포함된다. 이 그룹은 주로 이종고리 화합물, 니트릴, 그리고 탄화수소로 되어 있으며, 휘발성이 가장 작은 그룹이고, 갓 내린 신선한 커피의 증기(뒷맛)에서 가장 흔히 발견된다. 이 집합은 송진 향, 향신료 향, 카르보닐 등 세 가지 기본 범주를 포함한다.

A. 송진 향 : Turpeny

1. 수지질의 : Resinous

① 소나무 같은 : Piney (소나무 수액, 테레빈유, 독미나리 껍질, 까막

까치밥나무 줄기 같은)

② 발삼 같은 : Balsamic (발삼, 도금양, 치커리)

2. 약품 같은 : Medicinal

① 시네올 같은 : Cineole (오레가노, 로즈메리, 유칼립투스 잎)

② 장뇌 같은 : Camphoric (장뇌, 쿠베, 아킬리아)

B. 향신료 향 : Spicy

1. 따뜻한 느낌의, 덥히는 : Warming

① 육두구 같은 : Nutmeg-like (육두구, 셀러리씨, 쿠민, 향나무)

② 후추 같은 : Pepper-like(후추, 고추, 생강)

2. 톡 쏘는 : Pungent

① 정향 같은 : Clove-like (정향 싹, 피멘토, 월계수 잎)

② 백리향 같은 : Thyme-like (백리향, 층층이꽃, 수레박하)

③ 쓴 아몬드 같은 : Bitter almond-like (쓴 아몬드, 복숭아씨)

C. 카르보닐 : Carbony

1. 연기 내 나는 : Smoky

① 크레솔 같은 : Creosol-like (기름, 타르, 지방)

② 담배 연기 같은 : Smoke-like (파이프 담배, 니코틴)

2. 재 같은 : Ashy

① 탄 듯한 : Burnt-like (탄, 그슬린)

② 새까맣게 탄 듯한 : Charred-like (까맣게 탄, 재 같은)


## 부케(Bouquet) : 향의 프로필

커피의 전체적인 아로마 프로필은 그 부케로 정의된다. 부케는 네 개의 다른 부분으로 구성되어 있다.

• 방향(Fragrance) - 갓 분쇄한 커피에서 나는 기체.

• 아로마(Aroma) - 갓 추출한 커피에서 나는 기체.

• 노즈(Nose) - 커피를 삼킬 때 나오는 증기.

• 뒷맛(Aftertaste) - 커피를 삼킨 뒤에 남아 있는 증기.

## 프레이그런스

커피콩이 분쇄될 때, 콩의 섬유질은 뜨거워지고 파열된다. 이것이 이산화탄소($CO_2$)를 빠져나가게 한다. 이산화탄소는 나갈 때 다른 유기 물질들을 끌어내서 상온에서 기체 상태로 변화시킨다. 대개 에스테르인 이 기체들이 커피의 프레이그런스의 근간을 형성한다. 보통 그 프레이그런스는 달콤한 냄새가 나는 어떤 꽃 종류와 닮았다. 더불어, 이 방향은 달콤한 향신료와 비슷한 어떤 톡 쏘는 특성도 갖고 있다.

커피를 커핑할 때, 각각의 뚜렷한 부분의 아로마의 특징을 평가한다. 아로마 프로필을 기술하는 데 있어서, 네 부분 모두에 하나의 기술 용어를 부여하는 것이야말로 하나의 특정한 커피의 전체적인 풍미를 묘사하는 열쇠가 된다.

## 아로마

분쇄된 커피가 뜨거운 물과 접촉하게 될 때, 물의 열이 분쇄된 콩의 섬유질 속에 든 유기 물질 일부를 액체에서 기체로 바꾼다. 이렇게 새로이 방출된 기체(상당 부분은 에스테르, 알데히드, 그리고 케톤의 더 큰 분자구조)는 커피의 아로마의 핵심을 형성하는데, 전체적인 부케에서 가장 복합적인 기체 혼합물이다.

부케의 네 부분의 각각은 두 개의 방향족 화합물 그룹 중 하나와 관계가 있다.

일반적으로 아로마는 과일 같은, 풀 같은, 그리고 견과류 같은 냄새들의 혼합체다. 비록 그 유형은 명백히 커피지만 대개 과일이나 허브 향기가 지배적일 것이다. 또한, 만약 그 커피가 오점이나 결점을 가졌다면 새로 추출된 커피의 아로마 속에서 그 이취를 찾아낼 수 있게 된다.

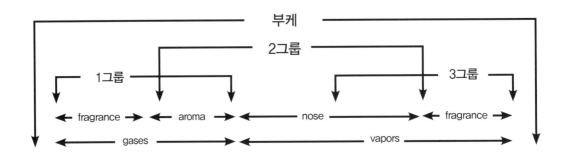

## 노즈

커피 추출액이 삼켜질 때, 또는 강하게 구개의 뒤로 뿌려질 때, (추출액 속에 액체 상태로 있는) 유기 물질이 추가로 공기에 노출되고 기체 상태로 변한다. 또한, 그 전에 액체 속에 갇혔던 어떤 기체 물질이라도 즉시 방출된다. 대개는 당 카르보닐 화합물인 이 증기들이 커피 노즈의 핵심을 형성한다.

대부분의 화합물이 로스팅 과정 중 생두 속에 있는 당의 캐러멜화로 생성되기 때문에, 노즈의 특성은 대개 천연 설탕을 캐러멜화해서 만들어지는 다른 상품들과 닮았다. 이런 느낌의 범위는 캐러멜을 생각나게 하는 여러 가지 사탕이나 시럽에서부터 볶은 견과류, 구운 곡식까지다. 노즈의 특징은 주로 생두에 가해진 로스팅의 정도에 달려 있다.


## 뒷맛

커피 추출액을 삼켰을 때 - 혹은 커핑의 경우에는, 공기를 기도로 되돌리도록 후두를 펌핑함으로써 삼키는 것처럼 했을 때 - 구개 안의 좀 무거운 유기 물질 일부가 증발한다. 이 일련의 증기들이 커피의 후미의 핵심을 형성하는데 문자적으로는 맛의 느낌이 줄어든 후에 감지되는 느낌을 의미한다.

콩 섬유질의 건류작용이 이런 무거운 분자 화합물의 다수를 만들기 때문에, 그것들은 나무 혹은 나무 부산물에 가까운 방향 특성을 갖는 경향이 있다. 범위는 송진부터 숯까지다. 증기들은 보통 씨앗이나 향료에 관련된 톡쏘는 성향을 가지며 초콜릿을 떠올리게 하는 쓴맛의 특징을 가질 수도 있는데, 이는 로스팅 중 피라신 화합물이 생기기 때문이다.

커피의 프레이그런스, 아로마, 노즈, 뒷맛을 가장 정확하게 설명하는 네 용어를 선택하면서, 누군가 하나의 커피 부케의 다양성을 정의할 수 있다. 부케는 강도(intensity)라는 또 다른 측면을 갖고 있다. 강도는 아로마 프로필을 구성하는 유기 화합물의 충만함과 세기 모두를 측정하는 하나의 계량법이다. 풍부하기도 하고 강하기도 한 부케는 리치(rich)라고 기술하고, 풍부하지만 강하지 않은 부케는 풀(full)이라고 기술한다. 강도가 없는 불완전한 부케는 라운디드(rounded)이며, 어떤 부케도 결여한 풍미는 플랫(flat)이라고 기술한다.

　그러므로 예를 들어 커피 AA 같은 하나의 특별한 커피의 풍미에 대한 체계적인 설명은 전체적인 부케에 대한 기술을 포함해야 한다. 커피 AA에 대한 기술은 샘플의 로스팅 컬러에 대한 언급부터 시작하는데, 로스팅 정도는 그 부케를 나타내는 데 있어서 거의 커피 자체의 산지만큼 중요하기 때문이다.

　커피 AA가 풀시티로 로스팅되었다고 가정하자. 프레이그런스는 꽃 같다(floral)기보다는 좀 더 향신료 같고(spicy), 카르다몸(cardamom)을 연상시키고, 아로마는 과일 같다(fruity) 하기보다는 허브 같고(herbal), 완두(green peas)를 떠올리게 하고, 노즈는 아주 뚜렷하게 캐러멜(caramelly) 같고 아몬드의 특징을 가졌다. 그리고 뒷맛은 명확하게 향신료(spicy) 같고, 거의 정향(clove) 같고, 메스키트(mesquite) 같은 연기냄새(smoke)가 송진 향(turpeny)의 느낌을 준다. 요약하면 커피 AA의 부케는 놀랄 만큼 복합적이다.

## 후각작용 전문 용어

**Aftertaste : 뒷맛**

커피 추출액을 삼킨 후 입안에 남은 잔류물에서 방출되는 증기에 대한 느낌으로, 범위는 초콜릿 향부터 카르보닐, 향신료, 그리고 송진 향까지이다.

**Aroma : 아로마**

커피 추출액에서 방출된 기체를 코로 킁킁 들이마실 때의 느낌으로 범위는 과일 향부터 허브 향, 견과류 향까지이다.

**Bouquet : 부케**

커피 추출액의 전체적인 아로마의 윤곽. 기체와 증기에 대한 후각 점막 위에서의 느낌으로 생성된다. 프레이그런스, 아로마, 노즈, 그리고 추출액의 뒷맛 속에 있는 휘발성 유기 화합물들의 결과다.

**Caramelly : 캐러멜 향**

보통 커피 추출액의 노즈에서 발견되는 향기로운 느낌의 하나. 커피를 삼킬 때 나오는 증기 속에 있는 보통의 휘발성을 가진 당 카르보닐 화합물에 의해 생성된다. 캔디나 시럽의 느낌을 연상시킨다.

**Carbony : 카르보닐, 탄화 향**

보통 강배전 커피 추출 음료의 뒷맛에서 발견되는 향기로운 느낌의 하나. 추출액을 삼킬 때 방출된 증기 속에 있는, 휘발성이 약한 이종고리식 화합물에 의해 생성된다. 크레솔 같은 물질과 비슷한 페놀의 느낌, 또는 탄 물질과 비슷한 파린의 느낌을 준다.

**Chocolately : 초콜릿 향**

보통 커피 추출 음료의 후미에서 발견되는 향기로운 느낌의 하나. 추출액을 삼킨 뒤 방출된 증기 속에 있는 보통의 휘발성을 가진 파린 화합물에 의해 생성된다. 단맛이 없는 초콜릿 또는 바닐라를 연상시킨다.

### Complexity : 복합성

프레이그런스, 아로마, 노즈, 후미 등 커피 부케에 있는 기체와 증기에 대한 정량적인 설명으로, 후각 점막에서의 느낌의 패턴에서 다양성과 대비를 만들어 낸다.

### Flat : 향이 없는

커피의 부케에 대한 정량적인 서술로, 프레이그런스, 아로마, 노즈, 뒷맛 속에서 인지할 수 있는 기체와 증기가 경미함을 의미한다.

### Fragrance : 프레이그런스

갓 볶고 분쇄된 커피콩에서 방출된 기체의 느낌으로, 코를 킁킁거려서 방향족 화합물이 코로 흡입된다. 달콤한 꽃 향부터 달콤한 향신료 향까지가 범주다.

### Fruity : 과일 향

보통 커피 추출액의 컵 아로마에서 발견되는 향기로운 느낌의 하나. 상승된 온도에서 추출되면 기체가 되는 고휘발성 알데히드와 에스테르에 의해 생성된다.

### Full : 향이 풍부한

커피의 전체적인 부케에 대한 정량적인 기술로서 기체와 증기가 프레이그런스, 추출액의 아로마, 노즈, 뒷맛에 모두 꽤 두드러진 강도로 들어있다는 뜻이다.

### Herby : 허브 향

보통 추출액의 컵 아로마에서 발견되는 향기로운 느낌의 하나. 상승된 온도에서 추출되면 기체가 되는 고휘발성 알데히드와 에스테르에 의해 생성된다. 냄새가 강한 채소(양파)를 연상시키는 파 같은 유형의 느낌, 또는 푸른 채소류(완두)를 연상시키는 콩 같은 유형의 느낌을 준다.

### Intensity : 강도

커피 부케 속에 들은 기체와 증기의 자극과 상대적인 강도에 대한 정량적인
척도.

### Malty : 맥아 향

보통 추출액의 노즈에서 발견되는 향기로운 느낌의 하나. 추출액을 삼킬 때
증기 속에서 발견되는 보통의 휘발성을 가진 알데히드와 케톤에 의해 생성
되며, 볶은 곡물과 유사한 느낌을 낸다.

### Nose : 노즈

추출된 커피를 삼키는 동안 거기서 방출된 증기가 후두의 운동에 의해 내뿜
어질 때의 느낌. 범위는 캐러멜 향부터 초콜릿 향, 송진 향까지이다.

### Nutty : 견과류 향

보통 추출액의 노즈에서 발견되는 향기로운 느낌이다. 추출액이 삼켜질 때
방출된 증기에서 발견되는 보통의 휘발성을 가진 알데히드와 케톤에 의해
생성된다.

### Rich : 향이 풍부하고 진한

커피의 부케에 대한 정량적인 기술로서 커피의 프레이그런스, 아로마, 노즈,
뒷맛 속에 기체와 증기가 매우 뚜렷한 강도로 가득함을 의미한다.

### Rounded : 부케가 약한

커피의 부케에 대한 정량적인 기술로서 커피의 프레이그런스, 아로마, 노즈,
뒷맛 속에 기체와 증기가 보통으로 인지될 정도임을 의미한다.

### Spicy : 향신료 향

대개 추출액의 뒷맛에서 발견되는 향기로운 느낌의 하나. 추출액이 삼켜진
뒤 방출된 증기에서 발견되는, 휘발성이 약한 탄화수소 화합물에 의해 생성
된다. 나무 - 향신료(시나몬 껍질) 혹은 나무 - 씨(정향 싹)를 연상시키는 느
낌을 준다.

### Sweetly Floral : 달콤한 꽃 향

대개 볶고 분쇄한 커피콩에서 발견되는 향기로운 느낌의 하나. 갓 파열된 콩 섬유질 세포에서 빠져나온 기체(주로 이산화탄소) 속에서 발견되는 고휘발성 알데히드와 에스테르에 의해 생성된다. 재스민 같은 향기로운 꽃을 연상시킨다.

### Sweetly Spicy : 달콤한 향신료 향

대개 볶고 분쇄한 커피콩에서 발견되는 향기로운 느낌의 하나. 갓 파열된 콩 섬유질 세포에서 빠져나온 기체(주로 이산화탄소) 속에서 발견되는 고휘발성 알데히드와 에스테르에 의해 생성된다. 카르다몸 같은 향기로운 향신료를 연상시킨다.

### Turpeny : 테레빈유

대개 추출액의 뒷맛에서 발견되는 향기로운 느낌의 하나. 저휘발성 탄화수소 화합물과 추출액이 삼켜진 뒤 방출되는 증기에서 발견되는 니트릴에 의해 생성된다. 수지 같은 느낌(송진 같은 물질과 유사) 또는 약품 느낌(장뇌 같은 물질과 유사한)을 연상시킨다.

미각작용(Gustation)은 혀를 덮고 있는 점막의 수용체가 가용성 화합물로 이뤄진 자극에 대해 갖는 맛의 느낌이다.

### 4가지 기본 맛

일반적인 법칙으로 혀는 단맛, 짠맛, 신맛, 쓴맛 등 네 가지 기본 맛을 감지할 수 있다.

#### 단맛(Sweet)

당, 알코올, 글리콜, 그리고 얼마간의 산이 용해되었을 때의 특징이다. 주로 혀끝에 있는 균상 돌기에 의해 감지된다.

#### 짠맛(Salt)

클로라이드, 브롬화물, 요오드화물, 질산염, 황산염이 용해되었을 때의 특징이다. 혀 앞 측면에 있는 균상 및 엽상돌기에 의해 감지된다.

#### 신맛(Sour)

주석산, 구연산, 사과산이 용해되었을 때의 특징이다. 혀 뒤쪽 측면의 엽상 및 균상돌기에 의해 감지된다.

#### 쓴맛(Bitter)

퀴닌, 카페인, 그리고 기타 알칼로이드가 용해되었을 때의 특징이다. 주로 혀 뒤쪽에 있는 유곽유두에 의해 감지된다.

혀 위의 상이한 영역들은 네 가지 기본 맛에 대해 각기 다른 민감도를 갖고 있다.

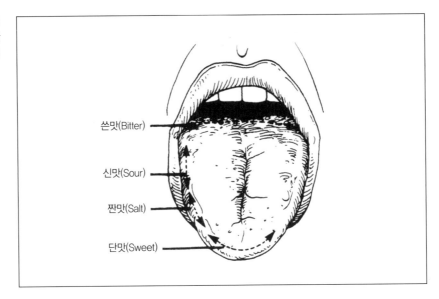

쓴맛(Bitter)

신맛(Sour)

짠맛(Salt)

단맛(Sweet)

커피 추출의 액화* 특성이 되는 수용성 화합물들은, 그것들이 만들어내는 맛의 느낌에 따라서 그룹화될 수 있다.

| 맛의 느낌 | | 화합물 | 용해량 % |
|---|---|---|---|
| 단맛<br>(SWEET) | 탄수화물<br>(Carbohydrates) | 캐러멜화된 당(Caramelized sugars) | 35.0 |
| | 단백질<br>(Proteins) | 아미노산 합성물(Amino acid complexes) | 4.0 |
| 짠맛<br>(SALT) | 무기 산화물<br>(Mineral Oxides) | 산화 칼륨(Potassium oxide) | 8.4 |
| | | 산화 인(Phosphoric oxide) | 2.1 |
| | | 산화 칼슘(Calcium oxide) | 2.1 |
| | | 산화 마그네슘(Magnesium oxide) | 0.5 |
| | | 산화 나트륨(Sodium oxide) | 0.5 |
| | | 기타 산화물(Other oxides) | 0.5 |
| 신맛<br>(SOUR) | 비휘발성 산<br>(Nonvolatile Acids) | 카페인산(Caffein acid) | 1.4 |
| | | 구연산(Citric acid) | 1.0 |
| | | 사과산(Malic acid) | 1.0 |
| | | 주석산(Tartaric acid) | 1.0 |

| 쓴맛<br>(BITTER) | 알칼로이드<br>(Alkaloids) | 카페인(Caffein) | 3.5 |
| | | 트리고넬린(Trigonelline) | 3.5 |
| | 비휘발성 산<br>(Nonvolatile Acids) | 퀴산(Quinic acid) | 1.4 |
| | 에스테르(Esters) | 클로로제닉산(Chologenic acid) | 13.0 |
| | 페놀(Phenols) | 페놀 복합물(Phenolic complexes) | 5.0 |

커피 맛의 느낌은 이 네 가지 기본 맛을 모두 겸비한다. 이 중 세 가지(단맛, 짠맛, 신맛)가 맛의 전체적인 느낌을 지배하는 경향이 있으며, 그 주된 이유는 그것들을 생성하는 화합물이 가장 많이 들어 있기 때문이다.

비록 '쓰다'라는 용어가 형편없는 커피의 맛을 설명하기 위해 대중적으로 사용되지만, 커피의 쓴맛은 커피에 독특한 맛의 느낌이며, 레드 와인 속에 든 탄닌이나 맥주 속의 호프의 작용과 유사하다. '쓰다'라는 말을 따로 떼어 커피의 부정적인 속성으로 쓰는 것은 기술적으로 잘못된 것이다. 쓴맛은 종종 차, 레드 와인, 그리고 맥주 속에서처럼 긍정적인 맛에 기여한다.

## 커피 맛에 대한 6가지 기본 느낌

맛의 조절(taste modulation)이라는 과정을 통해서, 기본적인 맛의 느낌들은 각각의 상대적인 강도에 따라 상호작용을 한다. 커피의 미각작용에서 6가지 조합이 발생할 수 있다.

1. 산은 당의 단맛을 증가시킨다. - acidy(상큼한 맛)
2. 염은 당의 단맛을 증가시킨다. - mellow(부드러운 단맛)
3. 당은 산의 신맛을 감소시킨다. - winey(와인 같은 맛)
4. 당은 염의 짠맛을 감소시킨다. - bland(특징 없는 맛, 맹맹한 맛)
5. 산은 염의 짠맛을 증가시킨다. - sharp(자극적인 맛)

6. 염은 산의 신맛을 감소시킨다. - soury(시큼한 맛)

*단맛, 신맛, 그리고 짠맛은 상호작용을 하면서 커피의 여섯 가지 기본 맛의 느낌을 형성한다.*

커피의 특별한 맛을 체계적으로 기술하는 첫 단계는, 커피의 6가지 주요 맛 중 어느 것이 혀 위에서 맛의 조절감에 딱 들어맞는지 밝히는 것이다.

## 6가지 기본 맛

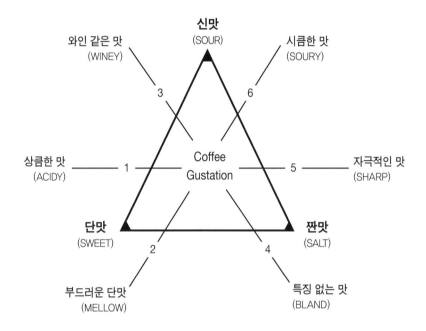

**상큼한 맛 : Acidy**

주로 혀끝에서 느껴진다. 커피 속의 산이 당과 결합해서 추출액의 전체적인 단맛을 증가시킬 때 느껴진다.

**부드러운 단맛 : Mellow**

주로 혀끝에서 느껴진다. 커피 속의 염이 당과 결합해서 추출액의 전체적인 단맛을 증가시킬 때 느껴진다.

## 와인 맛 : Winey

주로 혀의 뒤 가장자리에서 느껴진다. 커피 속의 당이 산과 결합해서 추출액의 전체적인 신맛을 줄일 때 느껴진다.

## 특징 없는 맛, 맹맹한 맛 : Bland

주로 혀의 앞 가장자리에서 느껴진다. 커피 속의 당이 염과 결합해서 추출액의 전체적인 짠맛을 줄일 때 느껴진다.

## 자극적인 맛 : Sharp

주로 혀의 앞 가장자리에서 느껴진다. 커피 속의 산이 염과 결합해서 추출액의 전체적인 짠맛을 증가시킬 때 느껴진다.

## 시큼한 맛 : Soury

주로 혀의 뒤 가장자리에서 느껴진다. 커피 속의 염이 산과 결합해서 추출액의 전체적인 신맛을 줄일 때 느껴진다.

맛의 판별은 온도에 따라 다소간 달라진다. 따라서 커피 커핑에 있어서 가장 정확한 전체적인 맛의 인상은 몇 개의 다른 온도 범위에 걸쳐서 커피를 맛볼 때 기록된다. 커피에서의 세 가지 기본 맛의 느낌들은 다음과 같은 방식으로 온도에 따라 바뀐다.

- 온도가 올라감에 따라 단맛은 상대적으로 줄어든다. Acidy(상큼한 맛)와 Mellow(부드러운 단맛)의 느낌은 엄청난 맛의 변화를 보이는데, 높은 온도에서는 당의 영향이 크게 감소하기 때문이다.
- 온도가 올라감에 따라 짠맛은 상대적으로 줄어든다. Bland(특징 없는 맛)와 Sharp(자극적인 맛)의 느낌은 온도 때문에 적당한 변화를 보이는데, 맛에 대한 염의 영향이 감소하기 때문이다.
- 온도는 상대적인 신맛에 영향을 주지 않는다. 그러므로 Winey(와인 같은 맛) 그리고 Soury(시큼한 맛)는 온도에 기인한 변화는 거의 보이지 않는데, 신 과일산의 영향이 작용하지 않기 때문이다.

기본 맛의 느낌을 확인한 다음 단계는 1차 범주에 맞는 특별한 맛의 느낌의 정도를 결정하는 것이다. 이것은 맛의 느낌의 방향을 설명하는 적당한 2차 맛 용어를 선택함으로써 이뤄진다.

예를 들어, 단맛을 향하는 경향이 있는 와인 같은 맛은 tangy(달콤한 와인 맛)라고 부르고, 신맛을 향하는 경향이 있는 와인 같은 맛은 tart(새콤한 와인 맛)이라고 한다. 가장 적절한 2차 맛 용어를 찾는 데 있어서, 인간은 대개 다른 커피 맛의 느낌을 구별하는 능력보다는 언어와 어휘에 의해 더 제한을 받는다.

커피의 미각작용의 세 번째와 마지막 단계는 맛의 느낌의 강도를 정하는 것으로, 그 범주는 인지 가능한 정도부터 뚜렷한 정도까지다. 통상 매우(highly), 보통(moderately), 약간(slightly) 등 적합한 형용사로 아주 잘 서술된다.

풀시티까지 볶은 커피 AA의 사례에서, 풍미의 체계적인 기술은 음료의 전체적인 느낌에 대한 설명을 포함한다. 먼저, 커피 AA에 대한 1차적인 설명은 acidy로 분류될 수 있고, 커피 속의 산이 당과 결합해서 추출액의 전체적인 단맛을 증가시켰음을 의미한다.

덧붙여서, 약간 현저한 와인 같은 맛이 있는데, 과일산이 많다는 것을 나타내며 혹은 아세트산일 수도 있다. 약간 인지할 정도의 날카롭고 톡 쏘는 속성은 전체적인 음료 느낌에 새콤한 와인의 특성을 부여한다.

## 12가지 2차 맛

6가지의 1차 커피 맛은 최소한 12가지의 2차 맛으로 더 세분화될 수 있다.

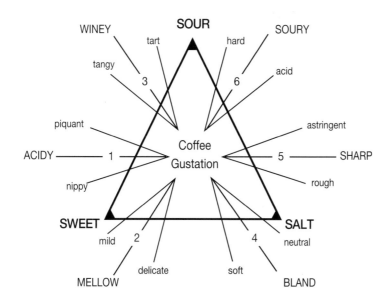

단맛, 신맛, 그리고 짠맛의 농도 변화는 6가지 기본 맛에 영향을 준다.

## 커피 맛의 느낌들

| 기본 용어<br>(Primary Term ) | 변이<br>(Variation) | 맛 용어<br>(Taste Term) |
|---|---|---|
| 상큼한 맛<br>(Acidy) | Toward Sweet<br>Toward Sour | Nippy(강렬한 단맛)<br>Piquant(자극적인 단맛) |
| 부드러운 단맛<br>(Mellow) | Toward Sweet<br>Toward Salty | Mild(산뜻한 단맛)<br>Delicate(섬세한 단맛) |
| 와인 맛<br>(Winey) | Toward Sweet<br>Toward Sour | Tangy(달콤한 와인 맛)<br>Tart(새콤한 와인 맛) |
| 특징 없는, 맹맹한 맛<br>(Bland) | Toward Sweet<br>Toward Salty | Soft(부드러운 맛)<br>Newtral(매우 약한 맛) |

| 자극적인 맛<br>(Sharp) | Toward Salty<br>Toward Sour | Rough(거친 맛)<br>Astringent(떫은 맛) |
|---|---|---|
| 시큼한 맛<br>(Soury) | Toward Salty<br>Toward Sour | Acrid(아린 맛)<br>Hard(쏘는 신맛) |

## 대표적인 맛의 유형

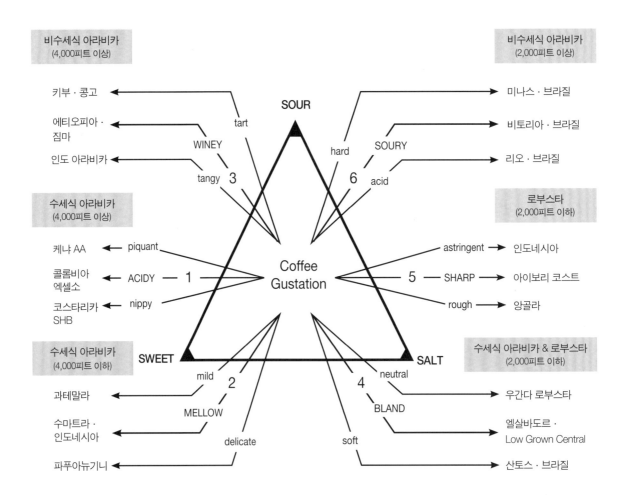

## 강배전 커피

강배전 커피는 기본적인 맛들의 다른 변조를 제시한다. 당의 대부분은 콩의 과도한 열분해*로 인해 분해되기 때문에 맛에서의 달콤한 특성은 사라진다. 대신 페놀 화합물의 증가 탓에 쓴맛의 지각으로 대체된다.

쓴맛의 느낌은 일반적으로 잘못 이해되고 있으며, 음식물의 쓴맛 대부분은 바람직하지 않은 것으로 여겨진다. 하지만 다크 초콜릿, 특정한 맥주, 적포도주, 토닉 워터 같은 몇 가지 상품에 있어서 쓴 속성은 특징이기도 하고, 바람직하기도 하다. 이러한 모든 상황에서 쓴맛의 조절은 전체적인 풍미의 프로필에 크게 기여한다. 커피에서도 마찬가지다.

쓴맛이 맛의 지각의 기본적인 조절 성분을 구성하는 음식과 음료들은그것들의 전반적인 수용 가능성에 관하여 큰 논쟁을 촉발하기 쉽다. 비록 강배전된 커피가 전체 커피 시장에서 중요한 부분을 대표하지만, 맛이 쓰다는 양상은 보편적인 수용을 감소시키는 경향이 있다.

커피에서 쓴맛 성분은 세 가지 원천으로부터 온다. 첫째, 쓴맛은 커피에서도 발견되는 어떤 비휘발성 산들의 맛의 특성이며, 특히 클로로제닉산과 퀸산이 그렇다. 둘째, 쓴맛은 커피콩, 찻잎, 코코아 콩, 콜라 너트에서 자연 발생하는 백색 결정 알칼로이드인 카페인과 트리고닐린의 기본적인 맛의 특성이다. 그리고 세 번째, 쓴맛은 페놀 및 이종고리식 화합물과 관련된 맛의 특성으로 커피콩이 계속해서 열분해 과정을 지날 때 생겨서 표준 로스팅 커피에서 강배전 커피로 가면서 발달한다.

## 쓴맛과의 4가지 조합

네 가지 조합은 강배전 커피의 미각작용 속에서 발생한다.

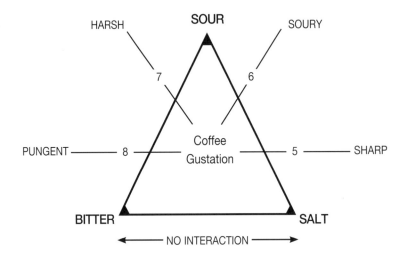

네 가지 조합은 보통 강배전 커피의 미각작용 안에서 발생한다. 두 가지는 표준 배전 커피의 맛의 조절과 유사하다.

5. 산은 염의 쓴맛을 증가시킨다. - sharp(자극적인 맛)
6. 염은 산의 신맛을 감소시킨다. - soury(시큼한 맛)

두 가지 조합은 강배전 커피의 맛의 조절 특유의 것이다.

7. 쓴맛을 내는 물질은 산의 신맛을 증가시킨다. - harsh(시큼한 쓴맛)
8. 산은 쓴맛 물질의 쓰기를 감소시킨다. - pungent(톡 쏘는 맛)

네 가지 기본 맛 중 쓴맛과 짠맛 두 가지는 상호작용하지 않는다.

## 강배전 커피의 기본적인 맛의 느낌

강배전 커피의 풍미를 기술하는 첫 단계는 기본적인 맛의 느낌을 확인하는 것이다.

| | |
|---|---|
| Sharp 자극적인 맛 | 혀의 앞 측면에서 주로 감지된다. 커피 속의 산이 염과 결합해 추출액의 전체적인 짠맛을 증가시킬 때 느껴진다. |
| Soury 시큼한 맛 | 혀의 뒤 측면에서 주로 감지된다. 커피 속의 염이 산과 결합해 추출액의 전체적인 신맛을 감소시킬 때 느껴진다. |
| Harsh 시큼한 쓴맛 | 혀의 뒤에서 주로 느껴진다. 커피 속의 쓴 물질이 산과 결합해서 추출액의 전체적인 신맛을 증가시킬 때 느껴진다. |
| Pungent 톡 쏘는 맛 | 혀의 뒤에서 주로 느껴진다. 커피 속의 산이 쓴 물질과 결합해서 추출액의 전체적인 쓴맛을 감소시킬 때 느껴진다. |

강배전 커피의 풍미 기술의 두 번째 단계는 주요 범주에 맞는 특정 맛의 느낌의 정도를 결정하는 것이다. 강배전 커피에서 발견된 최소한 두 개의 가장 공통적인 기본 맛인 쏘는 맛(pungent)과 자극적인 맛(sharp)은 4개의 2차 맛으로 분류될 수 있다. 맛의 구별이라는 이 단계에서 강배전 커피 특유의 몇 가지 요인을 만나게 된다. 첫째, 온도는 신맛과 쓴맛에 거의 영향을 미치지 않기 때문에 강배전 커피는 온도와 무관하게 거의 같은 맛을 보이는 경향이 있다. 둘째, 커피콩의 신 과일산 성분의 상당수가 로스팅 중 당 화합물과 함께 연소되기 때문에 강배전 커피의 지배적인 맛으로서 신맛을 갖는 것은 흔치 않다. 그리고 셋째, 쓴맛 물질의 농도가 증가하면서 쓴맛의 지각은 실제로는 감소한다. 그것은 에스프레소 커피가 같은 강배전 커피로 통상의 커피 추출기로 내려진 커피보다는 쓴맛 특성을 풍미에서 덜 갖는 경향 때문이다. 강배전 커피는 자극적인 맛과 쏘는 맛을 동시에 갖는 경향이 있다.

## 강배전의 맛

커피를 강하게 볶으
면 대개는 어떤 신맛
이라도 소멸시킨다.

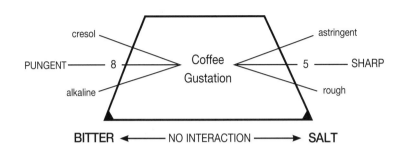

| 2차 용어<br>(Secondary Term) | 변이<br>(Variation) | 맛 용어<br>(Taste Term) |
|---|---|---|
| 자극적인 맛<br>(Sharp) | Sharp Toward Salty<br>Sharp Toward Sour | Rough(거친 맛)<br>Astringent(떫은맛) |
| 톡 쏘는 맛<br>(Pungent) | Pungent Toward Sour<br>Pungent Toward Bitter | Creosoty(타르 맛)<br>Alkaline(알칼리 맛) |

## 커피의 산도(Coffee Acidity)

아마도 acidity*는 가장 오용되고 잘못 이해된 관능 용어 중 하나일 것이다. 그것은 하나의 양적인 용어로, 평가되는 액체 속에 있는 산의 상대적인 농도에 관한 것이다. 비록 커피 용어인 acidy(상큼한 맛)와 관능 용어인 acidity(산도)가 관계가 있긴 하지만, 두 용어는 바뀌어 사용될 수 없다. 사실, very acidy(매우 상큼)하다고 서술된 커피들은 산도가 아주 높지는 않다.

한 화학자는, 산(acid)을 양자(수소 이온)를 방출할 수 있는 수소 원자를 포함한 화합물이라고 정의하는데, 이는 계량적으로 측정될 수 있는 상태다. 식품 공학자에게, 사실상 모든 음료는 시고, 그 상대적인 농도는 자유 수소 이온의 양적 척도인 pH 숫자로 측정된다.

커피는 매우 다양한 다른 유형의 산을 함유하고, 그 대부분은 다른 농산물에서 발견된다. 이 그룹들은 아스파라긴산, 글루타민산, 류신산 같은 아미노산, 카페인산, 클로로제닉산, 퀸산 같은 페놀산, 아세트산, 젖산, 구연산, 사과산, 푸마르산, 옥살산, 인산, 주석산 같은 지방족산을 포함한다. 일반적인 맛의 견지에서 보통의 아미노산 농도보다 높으면 단맛 유형의 풍미 느낌으로 가고, 페놀산의 수준이 높으면 쓴맛의 느낌으로, 반면 지방족산의 양이 많으면 신맛 유형의 느낌으로 간다.

## 일상적인 가정 음료들

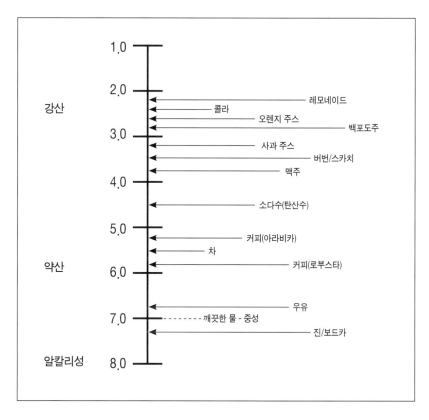

모든 객관적인 측정치에 따르면, 커피는 전형적인 가정에서 소비되는 음료 중 가장 덜 신 음료 중 하나다.

   농도 면에서, 페놀산 그룹은 추출된 커피에서 발견되는 산 중 가장 많은 비율(양으로)을 차지한다. 단연코 이 그룹에서 가장 큰 성분은 클로로제닉산이다. 커피 속의 클로로제닉산은 카페오일퀸산, 페룰로일퀸산 디카페오일퀸산 등 세 가지 주요 그룹을 포함한다.

클로로제닉산의 관능적 특성에 대한 연구가 적긴 하지만, 여러 유형의 양(로부스타 커피가 대체로 아라비카 커피보다 많음)과 비율(미성숙 열매와 블랙빈이 어떤 유형의 고농도를 가짐) 모두 음료의 전반적인 수용 가능성을 결정하는데 주요한 역할을 하는 것 같다.

클로로제닉산 그룹은 또한 갓 추출한 커피의 풍미를 결정하는데 부가적인 중요한 역할을 한다. 클로로제닉산은 매우 불안정하고 커피가 포트 안에 있을 때, 특히 185℉(85℃) 이상 또는 175℉(80℃) 이하의 온도에서 카페인과 퀸산으로 분해된다. 일단 분리되면, 퀸산은 두드러지게 쓴맛을 가지며, 카페인산은 쉽게 알아볼 만큼 시다. 쓴맛과 신맛의 이 조합은 함께 시큼한 맛과 오래된 커피의 냄새를 생성한다.

다음으로 가장 중요한 그룹은 지방산이다. 양적으로 가장 많지는 않지만, 이 그룹의 산은 가장 많은 양의 수소 이온을 만들어낸다. 산의 pH로 측정되는, 이런 수소 이온 농도의 증가는 신맛(suorness)과 관계가 있다. 커피에서 발견되는 이런 산들의 강도는 보통 주석산, 구연산, 사과산, 젖산, 그리고 아세트산 순이다. 이렇게 증가된 농도는 또한 다른 기본적인 맛 특히 단맛의 지각에 상당히 영향을 준다.

덧붙여 각 산은 고유의 특징적인 풍미를 가지는데, 구연산은 레몬 같은 풍미, 젖산은 버터 같은 풍미, 그리고 주석산은 사과 같은 풍미이며, 그것들은 때로 맛보다 향기로 더 느끼기 쉽다. 아세트산은 커피에서 특별한 사례다. 그 존재는 때로 수세식 커피에서의 발효 과정의 산물이다. 발효 관리는 이런 준비 수단에 있어서 중요한 품질 관리 단계이다. 아세트산이 너무 많이 형성되면 생두는 특유의 과일 냄새를 발전시키는데, 이는 커피 추출액에서 대단히 불쾌한 발효된 맛이 날 하나의 전조다.

일반적인 미각에서, 지방족 산 그룹의 존재는 커피 풍미에 밝음과 생기를 준다. 이는 산도가 높은 커피(낮은 pH 값 : 4.8~5.1)가 일반적으로 고가에 팔리는 근본적인 이유다.

## 유기산의 프로파일

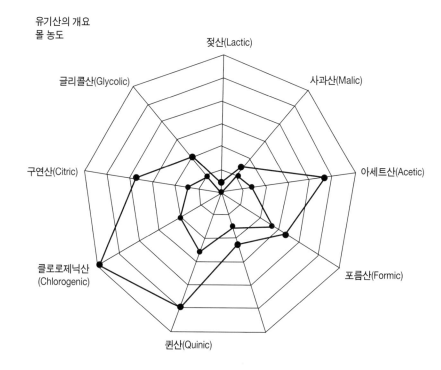

유기산의 개요
몰 농도

글리콜산(Glycolic)

젖산(Lactic)

사과산(Malic)

구연산(Citric)

아세트산(Acetic)

클로로제닉산
(Chlorogenic)

포름산(Formic)

퀸산(Quinic)

커피의 산도는 낮은 그대로 커피의 풍미에서 매우 긍정적인 맛의 속성의 하나다.

*Published date Source : M.N. Clifford,*
*Tea & Coffee Trade Journal, 8/87*

와인에 비하면 커피는 맛에 영향을 주는 제한적인 일련의 산들을 가지고 있다. 이는 커피의 많은 풍미가 커피의 부케 안에 갇혀 있는지를 설명해 준다. 와인 테이스팅은 과일산들의 다양하고 복잡한 맛의 느낌 때문에 미각작용에 흥미로운 훈련이 되지만, 커피 커핑은 후각작용에서의 자극적인 도전을 제안하며, 이는 커피콩의 복잡한 휘발성 화합물이 내는 향기로운 냄새의 다양한 조합과 유형 때문이다.

### Acidy : 상큼한 맛

단맛 나는 화합물의 존재와 관련된 기본적인 맛의 느낌. 커피 속의 산이 당과 결합해 추출액의 전체적인 단맛을 증가시킬 때 느껴진다. 콜롬비아 수프리모처럼 해발 4,000피트 이상에서 자란 수세식 아라비카 커피에서 가장 자주 발견되는 특징의 하나다. 커피의 상큼한 맛의 범주는 자극적인 단맛(piquant)부터 강렬한 단맛(nippy)까지이며, 혀끝에서 경험되는 맛의 느낌이다.

### Acrid : 아린 맛

시큼한 맛(soury)과 관련된 커피의 2차적인 맛의 느낌. 추출액의 첫 모금을 마실 때 혀 뒤 측면에서의 강하게 찌르는 듯하고 신 느낌이 특징이다. 짠맛과 신맛이 조절되는 동안 짠맛 느낌을 증가시키는 산의 비율이 보통 이상인 데 기인한다. 브라질 리오의 비수세식 커피에서 전형적으로 나타난다.

### Alkaline : 알칼리 맛

톡 쏘는 맛(pungent)과 관련된 커피의 2차적인 맛의 느낌으로, 강배전 커피에서 전형적이다. 혀의 뒤에서 마르고, 할퀴는 느낌이 특징이다. 알칼리와 페놀 화합물(쓰지만 꼭 불쾌하지는 않은)이 원인이다.

### Astringent : 떫은맛

자극적인 맛(sharp)과 관련된 커피의 2차적인 맛의 느낌으로, 추출액을 처음 마실 때 혀의 앞 측면에서의 강하게 오므라드는 듯한 짠 느낌이 특징이다. 강한 짠맛 느낌의 조절 중에 짠맛의 지각을 증가시키는 산이 원인이다. 인도네시아의 비수세식 로부스타 커피에서 전형적으로 나타난다.

### Basic Tastes : 기본 맛들

단맛, 신맛, 짠맛, 그리고 쓴맛으로 각각 당, 주석산, 염화나트륨, 퀴닌의 특징이다.

### Bitter : 쓴맛

퀴닌, 카페인, 그리고 기타 알칼로이드 용액의 특징적인 기본 맛으로 혀 뒤쪽의 유곽유두에서 주로 느껴진다.

### Bland : 특징 없는 맛, 맹맹한 맛

쓴맛 화합물의 존재와 관련된 1차 커피 맛의 느낌. 커피 속의 당이 염과 결합해서 추출액의 전체적인 짠맛을 줄일 때 생성된다. 엘살바도르의 수세식 아라비카 커피(Low Grown Central)처럼 해발 2,000피트 이하에서 재배된 수세식 아라비카 커피에서 주로 발견되는 특징이다. 특징 없는 맛의 범주는 '부드러운 맛(soft)'부터 '매우 약한 맛(neutral)'까지로, 혀의 측면에서 느껴지는 맛의 느낌이다.

### Caustic : 신랄한 맛

시큼한 쓴맛(harsh)과 관련된 커피의 2차 맛의 느낌. 추출액을 처음 마실 때 혀의 뒤 측면에서의 타는 듯한 신 느낌이 특징으로, 추출액이 식으면서 아주 불쾌한 신 느낌으로 바뀐다. 생두 속의 당의 손실 또는 결여 때문에 기본적인 맛의 조절에서 단맛을 대신하는 쓴맛에 기인한다. 비수세식 리베리카 커피에서 전형적으로 나타난다.

### Creosoty : 타르 맛

톡 쏘는 맛(pungent)과 관련된 커피의 2차 맛의 느낌으로, 강배전 커피에서 전형적으로 나타난다. 추출액을 처음 마실 때 혀의 뒤에서 강하게 긁는 느낌이 특징이며, 추출액을 삼킬 때 강한 뒷맛이 이어진다. 상승된 로스팅 온도에서 콩 섬유질의 건류 반응에 의해 생성되는데, 파리딘과 페놀 화합물이 섞여 탄 맛과 석유 같은 맛의 느낌을 만든다.

### Delicate : 섬세한 단맛

부드러운 단맛(mellow)과 관련된 커피의 2차 맛의 느낌으로, 추출액을 처음 마실 때 혀끝 조금 지난 곳에서의 섬세하고 미묘한 단 느낌이 특징이다. 추출액이 식으면 단 느낌으로 바뀐다. 당과 염이 단맛을 더할 수 있는 최소한의 결합으로 생성되지만, 다른 맛의 느낌에 의해 쉽게 깨질 수 있다. 파푸아

뉴기니의 수세식 아라비카 커피에서 전형적으로 나타난다.

### Hard : 쏘는 신맛

시큼한 맛(soury)과 관련된 커피의 2차 맛의 느낌. 추출액을 처음 마실 때 혀
뒤 측면에서의 강하게 쏘는 듯한 신맛이 특징이며, 추출액이 식으면서 두드
러진 신 느낌으로 바뀐다. 수확이나 건조 중 열매의 펄프가 상했을 때 체리
속에서 당을 산으로 바꾸는 효소 활동으로 생성된다. 브라질의 내추럴 파라
나 커피에서 전형적으로 나타난다.

### Medicinal : 의약품 맛

시큼한 쓴맛(harsh)과 관련된 커피의 2차 맛 용어. 추출액을 처음 마실 때 혀
의 뒤 옆에서의 날카로운 신 느낌이 특징이며, 추출액이 식으면서 요오드를
연상시키는 화학약품 느낌으로 바뀐다.

### Mellow : 부드러운 단맛

단맛 나는 화합물의 존재와 관련된 커피의 1차 맛 느낌. 커피 속의 염이 당
과 결합해 추출액의 전체적인 단맛을 증가시킬 때 생성된다. 인도네시아 수
마트라의 수세식 아라비카 커피처럼 해발 4,000피트 이하에서 자란 수세식
아라비카 커피에서 가장 많이 발견된다. 부드러운 단맛의 범주는 '산뜻한
단맛(mild)'부터 '섬세한 단맛(delicate)'까지로, 혀끝에서 경험되는 느낌이
다.

### Mild : 산뜻한 단맛

부드러운 단맛(mellow)과 관련된 커피의 2차 맛 느낌. 추출액의 첫 모금을
마실 때 혀끝 바로 지난 곳에서 얼얼할 정도로 느껴지는 단맛이 특징이다.
단 화합물과 짠 화합물이 모두 많이 응축되는 맛의 조절에서 생성된다. 과테
말라의 수세식 아라비카 커피에서 전형적으로 나타난다.

### Neutral : 매우 약한 맛

특징 없는 맛, 맹맹한 맛(bland)과 관련된 커피의 2차 맛. 추출액을 처음 마
실 때 혀의 어느 부분에서도 지배적인 맛이 느껴지지 않는다는 것이 특징이

며, 추출액이 식으면서 혀의 측면에서 뚜렷하게 마른 느낌으로 바뀐다. 산의 신맛과 당의 단맛을 중화시킬 만큼 많은 염이 응축되어 생성되지만, 짠맛을 떠올리게 할 정도는 아니다. 우간다의 로부스타 커피에서 전형적으로 나타난다.

### Nippy : 강한 단맛

상큼한 맛(acidy)과 관련된 커피의 2차 맛. 추출액을 처음 마실 때 혀끝에서 꼬집는 것 같은 아주 단맛이 특징으로, 추출액이 식으면서 단 느낌으로 바뀐다. 강한 단맛의 느낌이 조절되는 동안 시다고 느껴지는 산의 비율이 보통 이상일 때 생성되며, 코스타리카 SHB 커피에서 전형적으로 나타난다.

### Piquant : 자극적인 단맛

상큼한 맛(acidy)과 관련된 커피의 2차 맛. 추출액을 처음 마실 때 혀끝에서 찌르는 듯한 느낌의 강한 단맛이 특징이며, 추출액이 식으면서 단맛으로 바뀐다. 강한 단맛 느낌의 조절 중, 달게 인지되는 산의 비중이 보통 이상일 때 생성된다. 케냐 AA 커피에서 전형적으로 나타난다.

### 커피의 1차적인 맛의 느낌

상큼한 맛, 부드러운 단맛, 와인 같은 맛, 특징 없는 맛, 자극적인 맛, 그리고 시큼한 맛. 기본적인 맛의 느낌들이 각각의 상대적인 강도에 따라 상호작용을 할 때 생긴다. 맛의 조절의 결과물이며, 유사한 맛의 커피들을 그룹화하는 기초이다.

### Rough : 거친 맛

자극적인 맛(sharp)과 관련된 커피의 2차 맛. 혀의 앞 측면에서 강하게 긁는, 바싹 말리는 듯한 느낌이 특징이다. 짠맛 느낌의 중독성 특성이 원인이며, 앙골라의 비수세식 로부스타 커피에서 전형적으로 나타난다.

### Salt : 짠맛

염화물, 브롬화물, 요오드화물, 질산염, 그리고 칼륨과 리튬의 황산염 용액의 기본적인 맛의 특징이다. 주로 혀 앞 측면의 버섯 및 잎 모양의 돌기에서 느껴진다.

## 커피의 2차적인 맛의 느낌

하나의 기본적인 맛이 커피의 주요 맛의 느낌들을 지배할 때 생성된다.

Acidy : piquant부터 nippy까지.
Mellow : mild부터 tart까지.
Bland : soft부터 neutral까지.
Sharp : rough부터 astringent까지.
Soury : hard부터 acrid까지.

추출액의 온도는 맛의 느낌의 지각에 영향을 미친다.

### Sharp : 자극적인 맛

커피 맛의 1차 느낌으로, 짠맛 나는 화합물과 관계된다. 커피 속의 산이 염과 결합해 추출액의 전체적인 짠맛을 증가시킬 때 생성된다. 아프리카의 아이보리코스트의 커피 같은 비수세식 로부스타 커피에서 주로 발견된다. 자극적인 맛의 커피의 범주는 거친맛(rough)부터 떫은맛(astringent)까지이며, 혀의 측면에서 감지되는 느낌이다.

### Soft : 부드러운 맛

특징 없는, 맹맹한 맛(bland)과 관련 커피의 2차 맛의 느낌. 혀의 어느 부분에서도 미묘한 건조함 외에는 지배적인 맛의 느낌이 없는 것이 특징이다. 염이 산을 중화시킬 만큼 보통 이상으로 응축되어 생기지만, 당을 중화시킬 정도는 아니다. 브라질 산토스의 비수세식 아라비카 커피에서 전형적으로 나타난다.

### Sour : 신맛

주석산, 구연산, 또는 사과산의 용액의 특징인 기본적인 맛의 느낌. 혀 뒤 측면의 엽상과 균상 돌기에서 느껴진다.

## Soury : 시큼한 맛

신맛 나는 화합물의 존재와 관계되는 커피의 1차 맛의 느낌. 커피 속의 염이 산과 결합해서 추출액의 전체적인 신맛을 줄일 때 생성된다. 브라질 빅토리아의 비수세식 아라비카 커피처럼 브라질의 해발 2,000피트 이하에서 재배된 비수세식 아라비카 커피에서 가장 많이 발견되는 특징이다.

## Sweet : 단맛

당(수크로제와 글루코제), 알코올, 글리콜, 그리고 몇몇 산(아미노산)의 용액으로 특징지어지는 기본적인 맛. 혀끝의 균상 돌기에서 주로 느껴진다.

## Tangy : 달콤한 와인 맛

커피의 2차 맛의 느낌으로, 와인 같은 맛(winey)과 관계된다. 혀의 앞 측면을 따라서 강하게 혀를 날름거리게 하는 신 느낌이 특징이다. 당이 보통 이상으로 높은데 기인하며, 거의 과일 느낌의 맛을 준다. 고지 재배된, 체리 맛 인도 커피에서 전형적으로 나타난다.

## Tart : 새콤한 와인 맛

커피의 2차 맛으로, 와인 같은 맛(winey)과 관계된다. 혀의 앞 측면을 따라서 느껴지는, 강하게 얼얼한 신맛이 특징이다. 거의 혀를 오므라들게 하는 느낌의 신맛을 내는 산의 비율이 보통 이상인 것에서 기인하며, 콩고 키부의 비수세식 아라비카 커피에서 전형적으로 나타난다.

## Winey : 와인 맛

신맛 화합물의 존재와 관련된 커피의 주요 맛. 커피 속의 당이 산과 결합해서 추출액의 전체적인 신맛을 줄여서 생성된다. 에티오피아 짐마의 비수세식 커피처럼 해발 4,000피트 이상에서 자란 비수세식 아라비카 커피에서 주로 발견되는 특징이다.

## 3단계 : 커피의 입안 촉감(COFFEE MOUTHFEEL)

입안 촉감(mouthfeel)은 음식이나 음료를 섭취하는 동안과 이후에 입 속에서의 물리적인 느낌에서 나온 촉감이다. 표본 물질의 밀도, 점도, 표면 장력, 그리고 물리·화학적 특성이 그런 느낌을 끌어낸다. 입의 부드러운 구조는 피포성 및 비피포성 신경종말뿐 아니라 유리 신경종말의 네트워크까지 갖고 있다. 유리 신경종말은 열에 의한, 화학적인, 그리고 기계적인 자극뿐 아니라 접촉과 빛의 압력에도 반응한다.

음식 및 음료 상품의 특징적인 느낌은 종종 그 상품 품질의 가장 중요한 국면이다. 단단함, 부드러움, 즙이 많음, 또는 기름기는 손가락으로 측정하는 것처럼 입안에서 측정된다. 촉감에 대응하는 동안 지속적인 풍미 방출은 생리학적으로 그리고 심리학적으로 모두 중요하다. 만약 음식이나 음료가 섭취되기 전에 그 풍미가 사라지거나 소진되어 버린다면, 그 음식이나 음료에 대해 거부하려는 충동이 전개될 수도 있다.

커피에 있어서, 입천장의 촉감은 음료가 추출된 뒤에 음료 안에 남아 있는 용해되지 않은 액상 물질(지방유), 그리고 용해되지 않은 고형 물질(침전물) 모두에서 온다. 음료의 전체적인 입안 촉감에 감촉을 더하는데 있어서, 부유 물질은 추출 콜로이드* 형성을 통해서 음료의 풍미에 기여한다.

### 지방유(Fatty Oils)

커피 생두는 7~17%의 지방을 함유하는데, 발아용 물질을 제공하기 위해 커피나무에 의해 생산되고 그것의 씨 안에 저장된 것이다. 통상적으로 식물 지방은 실온 이상에서 기름이 되며, 흔히 요리용 기름으로 쓰인다. 커피 오일은 트리글리세리드의 혼합물이며, 구성 면에서 버터 그리고 목화씨 기름과 비슷하다.

| 트리글리세리드 | 커피 오일 | 버터 | 목화씨 오일 |
|---|---|---|---|
| 미리스트산 | 3% | - | 1% |
| 팔미트산 | 28% | 28% | 21% |
| 스테아르산 | 10% | 25% | 22% |
| 올레산 | 21% | 39% | 29% |
| 리놀레산 | 28% | - | 23% |

커피 오일은 커피 풍미의 전체적인 표현에 있어서 미묘하지만 중요한 역할을 한다. 첫째, 오일 방울이 액체 속에 부유할 때 음료 속에서 물의 표면장력을 줄여서 커피에 매끄럽거나 크림 같은 질감을 준다. 둘째, 오일은 풍미를 내는 화합물들을 운반하는데, 마치 햄과 치즈를 훈제할 때 동물성 지방이 훈연 풍미의 주요 운반체인 것과 마찬가지다. 커피 속의 오일은 또한 커피의 풍미를 오염시키는 이질적인 풍미를 내는 화합물의 주요 운반체기도 하다. 마지막으로, 지방의 수소화와 산화는 산패하는 과정에 발생하는 주요 풍미 변화의 부분적인 원인이며, 마치 버터가 따뜻하고 습한 환경에 놓이면 악취가 나는 것과 마찬가지다.

## 침전물(Sediment)

용해되지 않은 고형물 또는 침전물은 두 가지 원천으로부터 나온다. 첫째, 소량의 콩 섬유질이 볶고 분쇄된 입자들의 표면에서 씻기고, 음료 속에 부유하며 남는다. 이런 콩 섬유질 초미립자에 중력이 작용하면서 그것들이 결국 컵의 바닥에 침전물로 가라앉는다.

둘째, 용해되지 않은 고형물의 잔량은 불용성 단백질이다. 추출액 속의 이런 단백질의 출처는 생두 속에 있는 아미노산*이다. 그 단백질은 로스팅 과정 중 아미노산이 더 큰 분자를 만들기 위해 결합할 때 생긴다. 궁극적으로 이 단백질 분자들은 아주 커져서 더 이상 물에 녹지 않는다. 이 단백질들은 커피 '타르(tars)'가 되고, 때로 커피 추출 도구의 표면 위에 칙칙하고 기름기 있는 찌꺼기가 된다.

### 추출 콜로이드(Brew Colloids)

커피 음료 속에 부유하는 오일과 침전물이 결합해서 커피 추출 콜로이드*가 만들어지는데, 그것은 본래 기름기가 있다. 추출 콜로이드는 커피에 음료로서의 질감을 부여하는 것을 돕는데, 마치 먼지와 수증기가 대기 중에서 결합해서 구름을 형성하는 것과 같다. 추출 콜로이드가 다른 풍미 화합물을 흡수하고 흡착하면서 커피 풍미의 상승작용에 크게 기여한다.

흡수 역할에 있어서 콜로이드는 방향성 화합물의 엷은 층에 흡착하고, 커피가 삼켜질 때까지 이런 기체 물질들이 음료 속에 잡혀 있도록 한다. 흡착 역할에서는 완충장치처럼 작용해서 덜 신 음료를 만들며, 이것은 맛과 pH 측정을 통해 알아낼 수 있다. 추출 콜로이드의 형성은 신선한 추출 음료와 인스턴트 커피 사이의 주요한 풍미 차이의 원인이 된다. 커피 커핑에 있어서, 전통적인 표본 준비 방법은 컵 안에서 형성된 추출 콜로이드의 양을 크게 증가시킨다.

커피 추출액을 종이 필터에 통과시키면 커피 콜로이드 입자의 대부분이 제거된다. 하지만 약 1마이크로 단위(mu) 미만의 작은 콜로이드는 대부분의 필터 종이를 통과할 수 있다. 계속된 가열은 또한 추출 콜로이드의 안정성을 깨뜨려서, 중력이 그것들을 추출액 표면 위의 기름기 있는 필름과 컵의 바닥 위의 침전물로 분리시킨다. 따라서 얼마간이라도 직접 가열된 커피는 풍미 변화를 겪으며, 그것이 바로 추출 콜로이드의 분해의 결과다.

### 바디 대 농도(Body vs Strength)

커피 풍미에 대한 체계적인 기술은 커피의 바디에 대한 설명으로 맺는다. 이는 입속의 신경종말이 커피 추출액 속에 부유하는 액상 및 고형의 불용성 물질에 대응해 감지되는 촉감을 가리킨다. 바디는 현존하는 수용성 물질의 양과 유형에 대한 강도 측정으로 농도와는 구별되어야 한다. 농도는 커피에 맛 특성을 부여하는 반면, 바디는 커피에 입안 촉감 특성을 부여한다. 커피를 무거운 바디를 갖도록 내리는 것은 가능하지만, 강한 맛을 갖도록 내리는 것은 불가능하다.

　지방 함유가 매우 낮고 단단하거나 잘 깨지지 않는 콩 섬유질을 가진 커피는 '물 같다(water)' 또는 '묽다(thin)'고 기술될 수 있다. 보통의 지방 함유량을 가졌고 분쇄 과정에서 콩 섬유질이 조금 부서진 커피는 '매끄럽다(smooth)' 또는 '연하다(light)'고 기술될 수 있다. '크림 같다(creamy)' 또는 '무겁다(heavy)'는 용어는 콩 섬유질이 조금 부서지고 상대적으로 높은 지방 유량을 가진 커피와 관계가 있다. 그리고 '버터 같다(buttery)' 또는 '진하다(thick)'는 지방 함유량이 극히 높고 섬유 물질 비중이 매우 높은 커피에 적당한 형용사다.

　예를 들면 풀시티로 로스팅 된 커피 AA에 대한 체계적인 기술은 전체적인 입안 촉감, 또는 바디감에 대한 기술로 마무리될 것이다. 왜냐하면 커피 AA의 콩 섬유질은 다소 단단하고(분쇄 중 잘 부서지지 않음), 전체적인 바디감은 적당히 강한 크림 같은 질감을 가졌지만 단지 적당히 감지할 정도의 무게감을 가진 반면, 지방 함유량은 상대적으로 높기 때문이다.

## 입안 촉감 전문 용어

Body : 바디

음료의 물리적 특성으로, 섭취하는 동안 입속의 혀와 피부로 느껴지는 촉감의 결과.

Buttery : 버터 같은

추출액 안에 부유하는 기름기 물질이 상대적으로 높은 수준임을 의미하는 입안 촉감의 느낌. 대개는 에스프레소처럼 압력으로 추출된 커피의 특징으로 콩 섬유질에서 씻겨진 오일의 양이 현저한 결과.

Creamy : 크림 같은

커피 음료 속에 부유하는 기름기 물질이 다소 높은 수준이어서 생기는 입안 촉감의 느낌. 생두 속 지방의 양이 현저한 결과.

Heavy : 중후한

커피의 바디를 설명하는, 그리고 커피 음료 안에 부유하는 고형 물질의 수준이 다소 높음을 의미하는 용어. 콩 섬유질의 미세 입자와 불용성 단백질의 양이 현저한 결과.

Light : 가벼운, 연한

커피의 바디를 설명하는 용어로, 추출액 속에 부유하는 고형 물질의 양이 다소 낮은 수준임을 의미한다. 콩 섬유질의 미세 입자와 불용성 단백질이 감지할 수 있는 정도의 양으로 있을 때의 결과. 통상 추출을 위한 커피-물의 비율이 낮은 것과 관련이 있다.

Smooth : 매끄러운

커피 음료 속에 부유하는 기름기 물질의 양이 다소 낮은 수준인데 기인한 입안 촉감의 느낌. 생두 속에 있는 지방의 양이 보통일 때의 결과.

## Thick : 진한

 커피 음료 속에 부유하는 고형 물질의 수준이 상대적으로 높은 데 기인한 느낌. 대개 에스프레소 스타일 음료의 특징이며, 콩 섬유질 입자와 불용성 단백질이 상당량 존재하는 결과.

## Thin : 묽은

커피 음료 속에 부유하는 고형 물질의 수준이 상대적으로 낮은 데 기인한 느낌. 콩 섬유질의 미세 입자와 불용성 단백질의 양이 약간 인지할 수 있는 정도일 때의 결과. 대개 추출 공식에서 커피-물 비율이 낮은 종이 필터 기구를 통해 내려진 추출액의 특징.

## Watery : 매우 묽은

커피 음료 속에 부유하는 기름기 물질의 양이 상대적으로 낮은 데 기인한 느낌. 생두 속에 들은 지방의 양이 약간 인지될 정도일 때의 결과. 대개는 커피 - 물 비율이 극히 낮은 추출의 특징.

# 2부
# 풍미의 오점과 결점
## FLAVOR TAINTS AND FAULTS

생두든 볶은 콩이든 평형(equilibrium)* 또는 자연 균형의 상태로 존재하는 것은 실질적으로 불가능하다. 커피콩이 커피나무에 처음 생길 때부터, 그 수용성 유기(organic)* 및 무기(inorganic)* 물질이 음료로서 소비될 때까지, 전 생애에 걸쳐서 내외부의 요인들이 지속적으로 커피콩에 작용한다. 만약 이런 요인들의 영향이 너무 강하면, 화학적 변화가 나타나서 커피 추출액의 최종적인 풍미에 영향을 미친다.

만약 그 변화가 경미한 풍미 흠에 그친다면, 보통은 풍미의 아로마 특성에 제한되며 풍미 오점이라 부른다. 풍미 오점이 유쾌하냐 불쾌하냐는 그 유형과 정도뿐만 아니라 커퍼의 개인적인 취향에도 달려 있다. 만약 화학적인 변화가 중대한 결함이 된다면, 대개 풍미의 맛 특성에까지 미치며, 그것은 풍미 결점이라고 부른다. 풍미 결점은 커퍼의 개인적인 취향과 무관하게 거의 언제나 불쾌하다.

커피에 영향을 미치는 다양한 오점과 결점을 기술하는 용어는 오점 혹은 결점의 근원에 대한 전반적인 문맥 속에서 가장 잘 이해가 간다. 예를 들어 풀 같은 맛, 뉴 크롭, 패스트 크롭, 숙성된 맛, 짚 같은 맛, 그리고 나무 같은 맛은 모두 생두가 수확되고 건조된 후 선적을 기다리는 중 생두 속에서의 숙성 과정의 일부로써 일어나는 화학적 변화의 정도를 반영하는 용어들이다. 풍미 오점과 결점이 되는 화학적 변화는 커피가 씨앗부터 컵까지 변환 중 겪는 5개의 별개 단계 중 어느 하나 또는 전체에서 커피에 영향을 줄 수 있다.

## 1단계 : 수확/건조

첫 번째 단계는 커피 체리의 수확 중에 일어나는데, 재배자가 커피 생두 또는 씨앗을 말릴 때로, 그것들이 과피와 펄프로부터 분리되었을 수도, 아닐 수도 있다.

수확 과정 중, 나무의 지속 생장에 좋지 않은 조건하에 체리가 나무에 너무 오래 남아 있으면, 체리 속의 효소가 씨앗 속에 저장된 영양물을 파괴하기 시작할 것이다. 이 화학적 변화가 아라비카 콩에서는 요오드 같은(rioy) 풍미, 로부스타 콩에서는 고무 같은(rubbery) 풍미를 만들어 낸다. 만약 그 체리나 콩이 건조 과정 중 고온의 습한 조건 속에 남아 있다면, 콩 내부에서의 효소 반응이 발효된(fermented) 풍미를 촉발하고 가속화한다.

만약 커피콩을 더러운 환경 속에 놔둔다면, 특히 땅 위에서 건조된다면, 커피콩 속의 지방이 흙으로부터 냄새를 흡수해서 흙내(earthy) 풍미가 된다. 축축한 환경 속에 놓인 커피콩은 특히 곰팡이의 생장을 촉진해서, 곰팡내(musty) 풍미를 지방 속에 흡수할 것이다. 커피콩에 열이 너무 빨리 가해지면, 특히 기계 건조법이 사용될 때 지방의 붕괴를 초래해서 가죽내(hidy) 풍미가 된다.

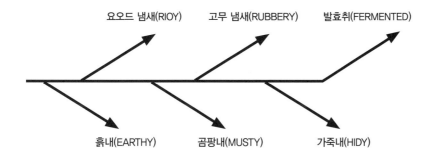

**⟶ 수확 중의 건조 과정 ⟶**

[산에 영향을 미치는 내부 변화들]

요오드 냄새(RIOY)  고무 냄새(RUBBERY)  발효취(FERMENTED)

흙내(EARTHY)  곰팡내(MUSTY)  가죽내(HIDY)

[지방에 영향을 미치는 외부 조건들]

커피 생두 안에서의 오점과 결점을 피하려면 적절한 건조가 필수적이다.

## 2단계 : 저장/숙성

두 번째 단계는 커피콩을 수확한 후 건조가 되는 시점에 시작해서 실제로 로스팅이 되면 끝난다. 커피콩은 수확 후 처음 몇 달 동안 뚜렷한 풀 같은 아로마와 떫은맛을 가지는데, 갓 벤 알파파와 비슷하며, 그것을 풀내(grassy)라고 한다. 생두 속에서의 계속적인 효소 변화는 몇 달에 걸쳐 이런 풍미 특징을 감소시킨다. 선적할 준비가 되면, 이것을 뉴크롭이라고 부른다.

만약 커피콩이 적절한 조건하에 저장된다면, 효소 변화는 매우 느린 속도로 진행된다. 대략 1년 후, 이런 화학적 변화는 커피콩 속에서 영향을 주기 시작한다. 이런 변화들을 입안에서 찾아낼 수 있을 때, 커피콩은 패스트 크롭이라고 부른다. 만약 콩이 몇 년 이상 저장되었다면, 효소 활동은 산 성분을 크게 줄이고, 커피콩은 숙성되었다(aged)고 한다.

효소 활동을 겪는 것에 더해, 커피콩은 천천히 유기 물질을 잃고, 마른 건초와 유사한 볏짚 같은(strawy) 풍미를 점차 발현한다. 수년간에 걸쳐, 커피는 상당한 유기 물질을 잃어서 나무 같다(woody)고 하며, 결국엔 수용할 수 없는 맛을 발현한다.

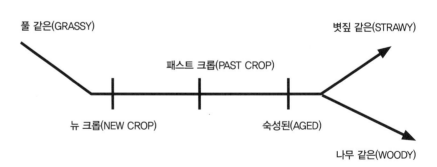

커피가 나무 같은 맛을 내는 시점에 다다르면, 더 이상 상업적으로 사용할 수 없다.

### 3단계 : 로스팅/캐러멜화

화학적 변화의 세 번째 단계는 로스팅 과정 중 일어난다. 로스팅 온도가 400°F(200℃)에 근접할 때, 콩 내부의 당은 일련의 화학적 변화를 겪는다. 즉 콩 속의 다른 유기 및 무기 물질과 결합하고 결국엔 캐러멜로 알려진 갈색 덩어리가 된다. 화학적 변화는 생두 속에 있는 당뿐 아니라 열이 가해지는 양과 비율로 전혀 다른 경로를 따라가며, 궁극적인 풍미 화합물에 영향을 준다.

만약 캐러멜화 과정이 낮은 열 때문에 충분히 진행되지 않으면, 볶아진 커피콩은 풀 같은 풍미를 계속 내게 된다. 이런 풍미 특성은 완두콩 같은 푸른 채소를 생각나게 하며, 풋내 난다(green)고 한다. 만약 가열이 너무 느리게 진행되면, 볶아진 콩은 밋밋한 아로마(flat aroma)와 김빠진 노즈(vapid nose)를 갖게 되며, 이를 눌은 풍미(baked flavor)라고 한다. 만약 열이 너무 빨리 가해지면 콩의 끝이 까맣게 타버리는데, 화학적 변화가 모두 일어나지 않아서 커피콩에 약간 탄 풍미(tipped flavor)를 낸다. 커피콩의 표면에 너무 많은 열이 가해지면 타서 그슬린 풍미가 된다.

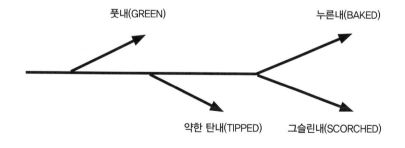

부적절한 가열은 캐러멜화 과정을 방해한다.

65

### 4단계 : 로스팅 후/산패

커피가 풍미 변화를 겪는 네 번째 단계는 콩이 볶아진 뒤 산패 과정에서 일어난다. 커피는 신선하게 출발하는데, 방향족 화합물로 가득 차 있다는 의미이며, 특히 휘발성이 가장 강한 메르캅탄 또는 유황을 함유하는 화합물들이다. 그 변화가 가장 눈에 띄는 것은 분쇄된 커피로부터 방향(fragrance)의 상실이다.

산패 과정이 계속되면서 커피콩으로부터 이산화탄소 가스 방출을 통해 더 많은 휘발성 유기물이 사라지는데, 이산화탄소가 콩 섬유질 속에 갇혔던 방향족 화합물들을 분리시키는 것이다. 커피로부터의 아로마 상실은 이러한 변화로 특징지어지며, 그렇게 된 커피를 향이 없다(flat)고 한다. 계속된 산패는 추출액의 노즈에 기여하는 증기의 일부분인 휘발성* 유기물을 더 소실시킨다. 이 변화가 일어날 때 커피는 김빠졌다(vapid)고 한다.

만일 습기와 산소가 커피콩을 뚫고 들어가면 변화가 더 일어난다. 먼저 커피콩 속 오일의 산화다. 추출액의 맛 가운데 가장 두드러지는데, 이런 변화는 무미하다(insipid)고 말한다. 둘째, 산소와 습기에 대한 계속적인 노출은 리놀산 트리글리세리드의 산화를 가속화해서 기분 좋은 맛에서 불쾌한 맛으로 바뀌고, 이러한 조건을 산패했다(stale)고 한다. 마지막으로, 산소와 습기가 커피콩 속의 지방과 상호작용해서 악취가 난다(rancid)고 일컬어지는, 뚜렷하게 공격적인 성향의 원인이 된다.

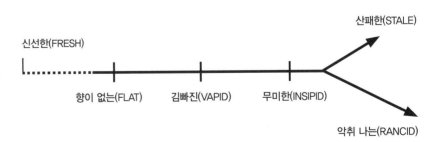

**━━ 로스팅 후 산패 과정 ━━▶**

커피가 더 이상 신선하지 않다는 최초의 징후는 분쇄된 커피로부터 방향의 소실이다.

신선한(FRESH)

향이 없는(FLAT)　김빠진(VAPID)　무미한(INSIPID)

산패한(STALE)

악취 나는(RANCID)

## 5단계 : 추출 후/유지

커피의 풍미는, 생두에서 소비 가능한 음료로의 변환 과정에서 추출 후/유지 기간 중에 그 어느 시점보다 빠르게 변화한다. 추출된 커피는 신선하게 출발하는데, 이는 추출액의 아로마를 형성하는 휘발성 유기 화합물들로 가득 차 있다는 의미이다. 열린 용기 속에서 추출액이 계속 가열되면서 온도 상승으로 야기된 활발한 분자 활동이 기체 물질을 밀어낸다. 추출된 커피는 먼저 아로마를 상실하고 그리고 밋밋해진다(flat). 계속된 가열은 남은 휘발성 물질을 증발시키고, 커피는 김빠진(vapid) 상태가 된다.

길어진 가열 또한 용해 상태인 유기 화합물에 영향을 준다. 긴 사슬의 유기 화합물이 짧은 사슬 화합물로 깨져서 전체적인 산성 맛을 증가시키고, 이것을 시큼하다(acerbic)고 한다. 이런 효과는 특히 커피 속의 클로로제닉산에서 분명하다. 다음은 추출액으로부터 물이 증발하고, 음료 속의 염을 응축시켜서 짠(briny) 특성을 부여한다. 게다가 가열을 계속하면 추출액 속에 콜로이드로 부유하는 단백질을 태우거나 그을리게 해서 오래된 커피에 타르 같은(tarry) 풍미를 부여한다. 마침내 추출액 속의 알칼로이드가 너무 농축되어서 그 쓴맛이 염과 결합해서 약간 불쾌한 짠맛 (brackish) 풍미를 드러낸다.

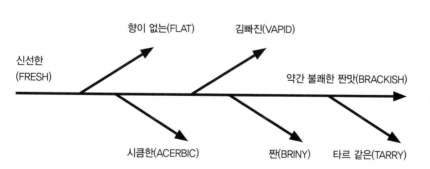

커피의 풍미는 변환 과정 중의 그 어느 시점보다 추출 후 단계에서 빠르게 변화한다.

## 풍미의 외부 오염

커피와 관련된 풍미의 오점과 결점의 상당수가 외부 원천으로부터 오염의 결과이며, 로스팅 과정 이전, 진행 중, 그리고 후의 콩 내부에서의 자연적인 화학적 반응의 일부는 아니다.

두 가지 이유로, 커피콩은 달갑지 않은 풍미를 쉽게 전달하는 경향이 있다. 첫째, 커피콩의 섬유질은 흡습의 경향이 있다. 쉽게 습기를 흡수하고, 그 때문에 수증기 속에 있는 화합물 또한 흡수한다. 둘째, 커피콩 속의 지방은 모든 지방류처럼 실온에서 기체 상태인 화합물을 찾아내고 붙잡는다. 지방은 주위의 공기로부터 냄새 분자들을 흡수하고, 지방이 오일에 용해되면서 그것들이 추출액 속에 방출될 때까지 간직한다. 그 결과는 언급하기에 너무 많은 광범위한 이취로, 커피 추출액 풍미의 일부가 될 수도 있다.

커퍼는 커피 생두 표본을 시각적으로 검사하는데 더해서, 표본을 자신의 코에 가까이 하고 몇 번씩 깊이 킁킁거려서 냄새를 평가한다. 많은 경우에, 커퍼는 우선 커피 생두 표본 속에서 외부 출처로부터의 오염을 찾아낸다.

## 물로부터의 외부 오염

어떤 상황에서, 커피의 유기 물질 그리고(혹은) 무기 물질은 추출용 물 속의 무기 물질과 결합해서, 물에서도 커피에서도 발견되지 않는 완전히 새로운 일련의 화합물을 만든다. 이러한 새로운 화합물은 보통 약품 같은 또는 금속 같은 성질의 불쾌한 맛의 특성을 갖는다. 염소 잔류물은 물로부터의 가장 흔한 외부 오염의 유형이다.

## 오점 및 결점 전문 용어

**Acerbic : 시큼한**

혀에서 아리고 신 느낌을 주는 커피 추출액 속의 맛의 결점. 클로로제닉 산 화합물이 더 짧은 사슬의 퀴닉 및 카페인산으로 분해됨으로써 생성되며, 추출 후 유지하는 동안 너무 과도한 가열이 원인이다.

**Aged : 숙성된**

커피콩의 신맛은 덜하게 하지만 더 큰 바디를 주는 맛과 입안 촉감 오점으로, 생두가 수확된 후 저장되어 있는 동안의 숙성 과정 중에 속에서 물리적인 변화를 생성하는 효소 활동의 결과이다.

**Baked : 누른내**

커피 추출액에 밋밋한 부케와 김빠진 맛을 주는 맛과 향의 오점. 로스팅 과정이 너무 오랜 시간 너무 적은 열로 진행될 때 생기며, 이것이 캐러멜화 과정이 풍미 화합물을 발현하지 않는 화학적 경로를 따르게 야기한다.

**Brackish : 약간 불쾌한 짠맛**

커피 추출액에서 짜고 알칼리 느낌을 만들어 내는 맛 결점의 한 가지. 과도한 열 때문에 물이 (소금 같은) 산화 무기물과 알칼리 무기물을 응축시키며 증발할 때의 결과이다.

**Briny : 짠**

커피 추출액에 짠 느낌을 주는 맛의 결점. 추출 후에 과도한 가열로 물이 증발하고 떫은맛을 내는 무기물이 응축된 결과이다.

**Earthy : 흙내**

커피콩 속에서 흙 같은 뒷맛을 내는 맛의 오점으로, 수확 기간 중 건조 과정에서 커피콩 속의 지방이 땅에서 유기물을 흡수한 결과이다. dirty 또는 groundy라고도 한다.

### Fermented : 발효된 맛

커피콩 속에서의 맛의 결점으로, 혀에서 매우 불쾌한 신 느낌을 내며, 수확 후 건조 과정에서 생두 속 효소 활동으로 당이 시큼한 산(식초)으로 바뀐 결과다.

### Flat : 향이 없는

향 오점의 한 가지. 로스팅 후 산패의 일부로서 방향족 화합물이 콩에서 사라질 때, 또는 추출 후 유지 과정의 일부로서 추출액에서 사라질 때의 결과.

### Fresh : 신선한

커피콩 또는 추출액에서 크게 즐거움을 주는 아로마의 하이라이트. 특히 황을 함유하고 후각 점막에서 매우 기분 좋은 느낌을 주는 고휘발성 유기 화합물의 결과.

### Grassy : 풀내

커피콩에 갓 벤 알파파와 비슷한 뚜렷한 풀의 성질을 부여하는 맛과 향의 결점으로, 푸른 잔디의 떫은맛과 관련이 있다. 체리가 익어 가는 도중 커피콩 속에서 발현된 질소 함유 화합물이 돌출되어서 생성된다.

### Green : 풋내

커피 추출액에 풀의 특성을 주는 맛. 로스팅 과정에서 일정한 짧은 시간에 열 공급이 불충분해 당 - 탄소 화합물의 불완전한 생성에 기인한다.

### Hidy : 가죽내

커피콩에서 수지 같고 가죽 같은 냄새가 나는 향의 오점. 커피 속의 지방이 깨진 결과로 건조 과정에서 열량이 과도하게 공급될 때 발생한다. 수확기 기계 건조에 일반적이다.

### Insipid : 무미한

풍미 화합물의 결여로 커피 추출액에 생기 없는 특성을 주는 맛의 오점. 커피콩 속의 이러한 유기물의 결여는 로스팅 후 추출 전 산패 과정에서 산소와 습기가 콩 섬유질 속으로 침투한 결과다.

## Musty : 곰팡내

커피콩에 곰팡이 냄새를 내는 향의 오점으로, 건조 과정 중 커피 속의 지방이 커피콩 위의 곰팡이로부터 유기물을 흡수하거나 접촉한 결과다. moldy라고도 한다.

## New Crop : 뉴 크롭 맛

추출했을 때 커피콩에 약간 풀 같은 특성을 주는 맛의 오점으로, 수확과 건조 후 숙성 과정 중 생두 속에서의 불완전한 효소 변화가 원인이다. 계속 저장[커피를 3~6개월간 '쉬도록(rest)' 함]하면 이 맛의 결점이 궁극적으로 제거된다.

## Past Crop : 패스트 크롭 맛

커피콩에 약간 덜 상큼한 맛의 특성을 부여하는 맛의 오점. 수확 후 1년이나 2년의 숙성 과정 중 커피콩 안에서의 효소 변화 때문에 발생한다.

## Quakery : 미숙두 맛

커피 추출액에 뚜렷한 벌점 풍미를 부여하는 맛의 오점. 수확 중 덜 익은 녹색 커피 체리의 채집이 원인으로, 볶았을 때 아주 밝은 색을 띠고 있으며, 덜 발육된 콩이다.

## Rancid : 악취가 나는

추출액에 매우 불쾌한 맛을 부여하는 맛의 결점이다. 습기와 산소가 볶은 커피콩의 오일 속에서 화학적 변화를 일으킨 결과로, 로스팅 이후 산패 과정에서 발생한다.

## Rioy : 요오드 같은

추출액 안에서 아주 두드러진 약품 같은(요오드 같은) 특성을 만들어 내는 맛의 결점. 통상 브라질에서 자라고 리오데자이네로를 통해 선적된 내추럴 가공 아라비카 커피와 관계가 있다. 열매가 나무에 달린 채 부분적으로 건조되도록 방치될 때 열매 속에서 효소 활동이 계속되도록 박테리아가 유발한 결과다.

## Rubbery : 고무 같은

커피콩에 많이 탄 고무 같은 특성을 부여하는 맛의 오점. 통상 아프리카에서 자란 내추럴 가공 로부스타 커피와 관련이 있으며, 열매가 나무에 달린 채 불완전하게 건조되도록 내버려 뒀을 때 열매 속에서 계속된 효소 활동 때문에 발생한다.

## Scorched : 강한 탄내, 그슬린내

캐러멜화 화합물의 발현 부족으로 커피 추출액에 약간의 페놀 및 파리딘(연기내 나는-탄) 성질 뒷맛을 부여하는 향의 오점. 로스팅 중 너무 빨리 너무 많은 열을 가해서 콩의 표면을 까맣게 태운 결과다.

## Stale : 산패한 맛

추출액에 불쾌한 맛을 주는 맛의 결점. 습기와 산소가 콩 섬유질에 침투해서 커피콩 속에 남아 있는 유기물에 거꾸로 영향을 준 결과다. 로스팅 후 산패 과정에서 발생한다.

## Strawy : 짚 같은 맛

커피콩에 뚜렷하게 건초 같은 특성을 부여하는 맛의 오점. 저장 중 생두로부터 유기물이 소실된 결과로 수확 후 숙성 과정 중에 발생한다.

## Tarry : 타르 같은 맛, 불쾌한 탄 맛

커피 추출액 속에서 불쾌한 탄 특성을 만들어 내는 맛의 결점. 과도한 열이 추출액 속의 지방을 태운 결과. 추출 후 유지 과정 중 발생한다.

## Tipped : 약한 탄 맛, 시리얼 같은 맛

커피 추출액에 시리얼 같은 맛을 주는 맛의 오점으로, 로스팅 과정에서 너무 빨리 가열되어 커피콩의 끝을 까맣게 태운 결과다.

## Vapid : 김빠진 맛

통상 아로마와 노즈 속에 기체 상태로 있어야 할 유기물의 상실이 뚜렷한,

커피 추출 음료에서 향의 오점. 추출 후 유지 과정 중 추출액 속에 갇혀 있던 기체 분자가 온도 상승에 따라 밀려 나온 결과다. 로스팅 후 산패 과정 중에도 일어날 수 있다.

### Wild : 거친 맛

컵 표본 간의 극심한 차이로 특징지어지는 커피콩에서 맛의 결점으로 대개 불쾌한 시큼함이 특징이다. 생두 내부의 화학적 변화 그리고 외부 오염도 원인이다.

### Woody : 나무 같은 맛

뚜렷하게 불쾌한 나무 같은 성질을 만들어 내는 맛의 오점. 숙성 과정 중의 마지막 변화로서, 저장 중에 생두 속의 유기물이 거의 상실된 결과다. 커피를 상업적으로 쓸 수 없게 만들어 버린다.

# 3부
# 커핑 방법
## CUPPING METHOD

커피 커핑은 커피콩 표본의 아로마와 맛의 특성을 체계적으로 평가하기 위해 사용되는 하나의 방법이다. 그 방법은 규정된 추출 방식, 커피 커퍼의 후각작용, 미각작용, 그리고 입안 촉감의 느낌에 의해 온전한 관능평가로 이끄는 일련의 단계들로 구성되어 있다. 커핑은 보통 커피의 구매 또는 블렌딩 같은 경제적인 목적과 관련되기 때문에 참가자들은 이러한 절차와 기법을 엄격하게 수행한다.

## 표본 준비

커피콩을 '미세한(fine) 굵기'로 분쇄한다. 이는 전체 입자 중 대략 70~75%가 미국 표준 규격 20인 체를 통과하는 굵기를 말한다. 이러한 표준 굵기의 목적은 볶고 분쇄된 커피의 18~22% 추출률을 확보하는 것이다. 경험적인 실험으로 이것이 커피로부터 분리된 모든 풍미 화합물의 균형을 맞추기 위한 최적의 추출 범위라는 것이 입증되었다.

커피 추출액의 약 99%가 물이기 때문에, 표본 준비에 사용되는 수질의 중요성은 아무리 강조해도 지나치지 않는다. 물은 100~200ppm 사이의 용존 무기물을 포함해야 한다. 이는 '수정처럼 맑고 신선한' 음용수에서 발견되는 수준의 경도다. 덧붙여, 물 처리를 위해 첨가된 어떠한 화학약품도 여과되어야 하며 특히 염소가 그렇다. 증류수는 추천하지 않는다. 수질은 경시될 수 없으며, 정확한 관능적인 지각을 보장하기 위해서 점검되어야 한다. 관련 정보를 더 구한다면 《미국 스페셜티커피협회 수질 핸드북(The SCAA Water Quality Handbook)》을 추천한다.

각각의 표본 컵을 위한 커피는 무게를 재서 홀빈 형태로 준비되어 사전 분배되어야 하며, 어떤 결점이든 복수의 컵에 분산되기보다는 컵 하나에 격리하기 위해서 개별적으로 분쇄되어야 한다. 추가로, 커핑용 분쇄를 하기 전에 이전 표본 때문에 그라인더에 남은 가루를 모두 없애기 위해서 커피 표본의 '세척(flush)' 분량을 갈고 버려야 한다.

각각의 표본 컵 속의 커피-물 비율은 일정해야 하고, 보통 커피 8.25그램을 물 150ml에 맞춘다. 이는 커피 풍미의 용존 물질 농도 범위가 1.1~1.3%임을 나타난다.

추출 방법은 우려내기다 : 분쇄된 커피 입자가 든 작은 컵에 거의 끓는 물(90~96℃)을 바로 붓는다. 입자들은 처음에는 물의 표면까지 떠올라 표층 또는 덮개를 형성한다. 커피 입자는 뜨거운 물 속에서 적셔지면서 가라앉기 시작한다.

우려내기 과정은 3분에서 5분 정도 계속된다 : 표층을 깨고 커피를 세게 저어서 모든 입자가 완전히 젖고 컵 바닥까지 가라앉게 한다. 가라앉지 않는 것들은 표면에서 걷어내서 버린다. 이런 우리기 방법에서는 커피를 여과하는 어떤 것도 하지 않으며, 그렇게 하지 않으면 커피가루에서 나는 풍미 물질의 추출에 지장을 준다.


## 관능 평가

평가 과정의 각 단계와 관련된 신체 동작, 그러니까 킁킁 냄새 맡기(sniffing), 후루룩 마시기(slurping), 삼키기(swallowing)는 보통의 일상적인 먹기나 마시기의 수준 이상으로 크게 과장된다. 이렇게 신체 활동을 과장하는 목적은 커피로부터의 특유의 자극에 최대한 많은 말초신경을 몰두해서 완전한 풍미 느낌을 떠올리기 위해서다. 비록 그런 행동이 다른 상황에서는 무례하게 보이겠지만, 커핑 테이블에서는 필수불가결한 것이다.

커피 커핑은 커피의 프레이그런스, 아로마, 맛, 노즈, 뒷맛, 그리고 바디 평가의 여섯 단계로 이뤄진다.

## 1. 프레이그런스(Fragrance)

커핑 방법에서의 첫 번째 단계는 커피콩의 프레이그런스 평가다. 8.25 그램 표본들을 3~5개의 컵을 만들 분량만큼 분쇄한 다음, 갓 파열된 콩 세포에서 이산화탄소가 떠날 때 방출되는 기체들을 강하게 킁킁 들이마신다.

프레이그런스의 특성은 맛의 본질을 나타낸다 : 단 향은 상큼한 맛으로 이끌고, 톡 쏘는 향은 자극적인 맛으로 이끈다. 프레이그런스의 강도는 샘플의 신선도를 나타내며, 샘플의 로스팅과 분쇄 사이의 경과 시간을 의미한다.

프레이그런스는 가장 휘발성이 강한 방향족 화합물들로 구성되어 있으며, 특히 메틸 메르캅탄 같은 황을 함유한 것들이다. 이것들을 얼마간이라도 커피콩 속에 가둬 놓기 위해 할 수 있는 것은 거의 없다.

## 2. 아로마(Aroma)

두 번째 단계는 커피 추출액의 아로마 검사와 관계가 있다. 먼저 150ml의 신선한(산소 처리한) 거의 끓는 물을 새로 분쇄된 커피콩에 붓고, 볶고 분쇄된 커피 입자들이 약 3분간 적셔지도록 한다. 커피 입자들은 추출액의 표면 위에 표층 또는 덮개를 형성할 것이다.

커핑 스푼으로 강하게 저어서 이 덮개가 깨질 때, 상승된 수온의 결과로 만들어진 기체들을 길고 깊은 흡입 동작을 통해 비강으로 힘차게 빨아들인다. 이 동작은 과일 향부터 허브 향까지 견과류 향까지 실험된 표본의 아로마 특성의 전 범위에 접근한다. 커핑 경험은 커퍼들이 각각의 독특한 패턴을 자신의 향 기억 속에 분류하도록 인도하고, 그들은 이러한 뚜렷한 향 패턴을 커피의 한 유형을 다른 것과 구별하는 도구로 사용한다. 일반적으로 말해서, 커피의 아로마 특성의 범주는 커피의 태생에 상응한다. 그에 반해서 아로마 특성의 강도는 커피의 신선함과 관계되며, 로스팅과 추출 사이 시간의 길이로 측정되고, 콩에 습기와 산소를 막기 위한 포장의 유형에 달려 있다.

## 3. 맛(Taste)

갓 추출된 커피의 맛을 면밀히 검사하는 것은 커핑 과정에서 세 번째 단계다. 특별한 커핑 스푼을 사용해서 - 보통 액체 8~10cc 용량의 둥근 스푼으로, 열을 빨리 분산시키기 위해 은도금이 되어 있음 - 커피 추출액 6~8cc 분량을 입 바로 앞에 퍼 올리고, 그 액체를 강하게 후루룩 마신다. 액체를 이런 식으로 힘차게 흡입해서 혀의 표면 전체로 균등하게 퍼뜨린다. 모든 감각 말초신경은 완전한 맛의 조절을 위해 추출액의 달고, 짜고, 시고, 쓴 느낌에 동시에 반응한다.

자극이 어떻게 지각되는지에 온도가 영향을 미치기 때문에 느낌이 가는 곳을 기억하는 것 또한 그 특성을 드러내도록 돕는다. 예를 들어, 온도는 당의 단맛을 감소시키기 때문에 상큼한 맛의 커피는 먼저 혀끝에 단 느낌보다는 얼얼한 느낌을 내는 경향이 있다. 커피를 3~4초간 입안에 머금고, 맛의 느낌의 유형과 강도에 집중한다. 이런 방식으로 기본적인 그리고 2차적인 맛의 특성을 평가할 수 있다.


## 4. 노즈(Nose)

네 번째 단계는 세 번째와 동시에 이뤄진다. 커피 추출액을 혀의 표면을 가로질러 빨아들인 다음 그것을 분무(aerate)*하는데, 액체 속에 들어있는 유기 화합물 일부가 증기압에서의 변화 때문에 기체로 변하도록 한다. 강제적인 흡입 행위는 이런 기체들을 비강으로 끌어올려서 커퍼가 커피 추출액의 노즈를 분석할 수 있게 해준다.

맛과 노즈(증기)에 대한 이러한 동시 평가는 커피 표본에 고유의 독특한 풍미를 부여한다. 표준 로스팅 커피에서, 노즈는 당의 갈변화 부산물의 풍미 특징을 드러내는 경향이 있다. 강배전 커피에서 노즈는 건류 부산물의 풍미 특성을 드러내는 경향이 있다.


## 5. 뒷맛(Aftertaste)

커피 추출액의 뒷맛을 면밀히 살피는 다섯 번째 단계는 표본 조금을 입 안에 몇 초간 머금었다가 삼킴으로써 이뤄진다. 후두를 빠르게 펌핑해서 구개의 뒤에 남은 증기를 비강으로 올려서, 구개 위에 남은 무거운 분자의 냄새를 맛의 느낌과 함께 평가할 수 있다.

뒷맛에서 발견되는 풍미 화합물은 초콜릿을 연상시키는 달콤한 특성을 가졌을 것이다. 정향 같은 톡 쏘는 향신료와 유사할 수도 있다. 소나무 수액을 연상시키는 수지질 같을 수도 있다. 또는 이런 특성들의 어떤 조합을 드러낼 수도 있다.

### 6. 바디(Body)

커핑 방법은 입안 촉감을 알아내기 위해 액체를 평가하는 것으로 끝난다. 이 과정에서 혀는 부드럽게 입 천정을 가로질러 미끄러지면서 촉감을 끌어 낸다. 기름기, 미끄러움의 느낌은 추출액의 단백질 함유량을 판단하는 반면, 농후와 점성인 '무게감'의 느낌은 섬유질과 지방 함유량을 판단한다. 두 느낌이 결합되어 추출액의 바디를 구성한다.

커피 추출액이 식어가면서, 3단계부터 5단계까지(맛, 노즈, 그리고 뒷맛)를 적어도 2, 3회 반복한다. 커피가 식도록 두는 것은 온도가 기본 맛에 영향을 미치는 다양한 경로에 대한 보충이 되므로 추출액에 대한 시음을 반복함으로써 더 정확한 전체적인 맛의 인상이 얻어진다.

커핑 의식(儀式)에서, 3개에서 5개 사이의 각 표본은 동시에 시음된다. 이러한 비교 방법은 보통은 표본들 간의 균일성 또는 유사성을 검사한다. 균일성에 대한 검사에서, 커퍼는 평가받는 많은 커피의 일관성을 평가하려고 시도한다. 컵 간의 차이는 비균일성이 큼을 보여 주며, 그것은 종종 심각한 품질 결함으로 간주된다.

커핑 의식에서, 최소한 두 개의 다른 커피콩 표본을 나란히 놓는 것(나란히 비교하는 것)이 통상적이며, 커퍼는 때로 동시에 6개에서 8개의 다른 커피들을 심사한다. 이런 표본 비교법은 커피콩 간의 미묘한 풍미 차이를 드러내도록 도울 뿐 아니라, 커퍼가 향후 커핑에 떠올릴 풍미 기억을 수립하도록 돕는다. 8개 이상의 표본들이 평가될 때는, 그것들을 더 작은 세트로 나누는 것이 최선이다.

많은 수의 표본들을 커핑할 때, 커피 커퍼는 삼키지 않은 추출액을 습관적으로 타구에 뱉는다. 이렇게 하는 것은 다음 표본 검사를 위해 입안을 깨끗이 하는데 도움이 된다. 덧붙여, 입을 약간의 미지근한 물로 씻어내는 것은 다음 표본의 맛을 더 정확하게 평가하도록 준비하는데 도움이 된다. 모든 커퍼는 향과 맛의 피로감이 정확하게 구별하는 능력을 감소시키기 전에 효과적으로 평가할 수 있는 표본 수에 한계가 있다.

마지막으로, 사람의 마음가짐도 맛과 향의 자극들을 그들 기억 속에 있는 상응하는 맛과 향의 느낌과 관련짓는 능력에 영향을 준다는 것을 기억한다. 그러므로 커핑실은 외부 간섭, 특히 시야, 소리, 그리고 냄새가 없어야 한다. 덧붙여, 평가되는 각 표본마다 어떤 유형의 문서 기록을 남겨야 하는 눈앞의 과제에 온전히 집중해야 한다.

## 커핑하는 법 배우기

좋은 커핑 기술은 연습, 훈련 그리고 경험을 통해 발전한다. 표본을 준비하고 냄새 맡고 시음하는 기본적인 기술을 습득하기 위해서는 커피를 커핑하는 매번 언제나 동일한 과정으로 실습이 필요하다. 유사한 표본들 간의 섬세한 구별에 필요한 감각의 정확성과 풍미 기억을 구축하기 위해서는 훈련이 필요하다. 그리고 커피들이 산지, 정제 방법, 저장 조건, 그리고 로스팅 뉘앙스의 차이 때문에 드러내는 풍미 특성의 모든 변조를 배우기 위해서는 경험이 필요하다.

완벽한 연습이 완벽한 실행으로 인도한다. 완벽한 연습이란 올바른 장비와 함께 출발하는 것을 의미한다. 훌륭한 커퍼는 적정한 커핑 장소를 마련하는데 시간을 들이며, 그것은 커핑에 필요한 모든 기구의 구비를 포함한다. 다른 날 치러진 커핑 간의 결과들을 비교할 수 있으려면 매번 같은 기구를 사용하는 것이 극히 중요하다. 완벽한 연습은 표본 준비에 사용된 물이 적합한 품질이며 화합물, 특히 염소로 오염되지 않았음을 의미한다. 완벽한 연습은 또한 활동에 집중하기 위해 필요한 시간을 갖는 것을 의미하는데, 모든 감각이 사용되고, 풍미 기억이 사용되고, 향후 참고용으로 결과가 기록되기 위해서다.

훈련은 공식적인 프로그램 그리고(혹은) 다른 커피 커퍼들과의 비공식적인 훈련과 결합된 수업으로 이뤄져야 한다. 정통한 다른 사람들과의 커핑, 특히 정보와 용어를 공유하는 기회는 매우 소중한 경험이다. 훌륭한 커퍼들은 매번 다른 사람들로부터 배우는 기회를 가질 것이고, 위대한 커퍼들은 매번 그들이 시간이 흐르면서 획득한 기술과 지식을 공유하는 기회를 가질 것이다.

유사한 표본 간의 섬세한 구별을 할 때 요구되는 감각의 정확성과 풍미 기억을 쌓기 위해서는 훈련이 필요하다. 그리고 커피가 산지, 정제 방법, 저장 조건, 그리고 로스팅 뉘앙스 때문에 나타내는 풍미 특성의 모든 변조를 배우기 위해서는 경험이 필요하다.

훈련은 또한 커핑 경험에 대한 문서화된 기록을 만들어 내는 것과, 나중에 참고할 자료의 카탈로그를 계발하는 것을 포함한다. 커피 커핑을 배울 때, 특별한 커피의 풍미에 대해 메모하는 것은 매우 유용하다. 풍미의 상이한 측면을 독특한 단어와 연계하는 것은 뇌의 풍미 기억 속에 느낌을 각인하는데 도움이 된다. (참조 : 이 책의 4부에 있는 단일 표본 등급 판정 양식)

## 커핑 양식들

커피에서의 다양한 풍미 느낌을 기록하기 위한 세 개의 상이한 가이드라인이 4부에 나와 있다. 첫째는 (별 또는 거미 다이어그램) 기법으로, 16개의 상이한 감각 및 정량 속성이 하나의 시각적인 참고 자료에 보여진다. 둘째는 단일 표본을 위한 등급 판정 양식으로, 초보 커퍼용 훈련 가이드로서도 쓸모가 있는데, 커피 추출액에 대한 온전한 관능평가를 내리는 법을 보여준다. 셋째는 복수 표본에 대한 비교 등급 판정에 쓰이는 미국 스페셜티커피협회의 커핑 양식이다.

커피의 관능적 특성에 대한 과학적인 연구를 위해서, 거미 다이어그램은 객관적인 측정을 통해 발전된 정량적인 데이터와 추출액에 대해 주어진 모든 주관적인 평가에서 기록된 감각 데이터간의 관계를 기록하는 귀중한 도구다. 그것은 로스트 컬러를 산도(Acidity)에, 수용성 고형물을 바디(Body)

에, pH를 균형감(Balance)에 관련짓는 한 방법이다.

다음을 위한 참고 기록을 만들기 위해서, 커핑 양식은 감각의 차원에 숫자로 표시된 값을 배정할 기회를 만들어 낸다. 수적인 비교는 다음의 참조를 위한 용이한 수단을 제공한다. 비록 어떤 자극에 대한 감각적 인지가 대수적 기능이긴 하지만(참조 : 4부에 있는 페히너의 법칙), 둘 혹은 그 이상의 표본의 비교평가는 숫자로 표시하는 점수 배정으로 크게 쉬워졌다. 더 보편적인 분류 체계뿐 아니라 커핑 경연들의 목적을 위해서도 미국 스페셜티커피협회는 100점 만점의 표준화된 채점 방법을 발전시켜왔으며 와인 채점 척도와 유사하다.

연습과 훈련에 더해서 경험 또한 자격을 갖춘 커퍼가 되기 위해서 필요하다. 아라비카 커피 대 로부스타 커피 시음, 다른 고도에서 자란 비슷한 유형의 커피 시음, 다른 방법으로 정제된 비슷한 유형의 커피 시음, 잘 준비된 커피 대 형편없이 준비된 커피의 시음 경험이 필수적이다. 경험은 완전한 풍미 언어, 그리고 우리가 커피로 아는 일반적인 냄새와 특정한 맛의 느낌 뒤에 숨은 수많은 풍미 뉘앙스를 이해하는데 필수적이다. 이런 유형의 경험을 얻는 데는 시간이 걸린다. 지름길은 없다. 만약 어떤 커피가 과육 속에 너무 오래 들어 있던, 너무 오래 발효 탱크 안에 있던, 혹은 건조기 안에 너무 오래 있던 커피를 전혀 경험해 보지 못했다면, 이러한 가공처리 문제가 일으킬 수 있는 미묘한 그리고 그리 미묘하지 않은 풍미 차이를 기술하는 것은 불가능하다.

## 훈련 도구

지난 몇 년간 발전해 온 많은 훈련 도구들이 있으며, 학습 과정을 크게 가속시킬 수 있다. 보통의 식료품점 상품(참조 : 4부의 부록 II)으로 가능한 약간의 풍미 지각 연습에 더해서, 미국 스페셜티커피협회는 향과 맛의 인식에 초점을 맞춘 두 가지 커피 풍미 훈련 키트(kits)를 제공하고 있다.

커피의 풍미는 보통 둘 또는 세 가지 양상들의 조합을 포함하는데, 짠맛, 단맛, 그리고 신맛의 혼합물이다. 당, 염 그리고 구연산의 조합은 초보 커퍼가 향료의 혼란 없이 각각 상이한 혼합물들 및 강도들의 시음 기술을 발전시킬 기회를 제공할 것이다. 구연산(레몬 주스), 초산(식초), 수크로오스(당), 그리고 염화나트륨(식탁용 소금)은 모두 신맛, 단맛 그리고 짠맛 느낌을 자극하는데 사용될 수 있다. 대략 신맛용 0.1~0.3%, 단맛용 5.0~15.0%, 그리고 짠맛용 0.25%~0.3% 참고 표본을 준비함으로써 초보 커퍼가 기본 맛의 상이한 조합뿐 아니라 상이한 강도도 인식할 수 있게 연습이 될 수 있다. 불행히도 커피 풍미의 특성인 독특한 쓴맛을 복제한 가정용품은 없다.

미국 스페셜티커피협회는 Dolf DeRovira of Flavor Dynamics, Inc.에서 개발한 맛 훈련 키트를 배부하고 있다. 이 훈련 키트에는 짠맛, 단맛 그리고 신맛을 위한 세 개의 표준 맛 농축물이 들어 있다. 이것은 땅콩 같은, 캐러멜 같은, 흙 같은, 풀 같은, 과일 같은, 향신료 같은, 와인 같은, 초콜릿 같은, 꽃 같은, 잔디 같은, 견과류 같은, 그리고 송진 같은 맛 등 12개의 표준 풍미 농축물의 본보기를 제공한다. 커퍼는 풍미 지각 기술을 향상시키기 위해서 키트를 사용하는데, 특별한 풍미 특성을 인식하게 되기까지 하나의 농축액 몇 방울을 첨가하는 식이다. 그것은 특별한 풍미 특성에 대한 커퍼의 민감성을 증가시키고, 커피 속에 든 풍미를 빨리 알아보는 능력을 개발하는 훌륭한 방법이다.

미국 스페셜티커피협회는 또한 콜롬비아 커피연합을 대신해 프랑스 와인 전문가 장 르느와르가 개발한 아로마 훈련 키트를 배부하고 있다. 이 키트는 36개의 개별 아로마 농축액 병으로 구성되어 있으며, 효소작용, 당의 갈변화, 그리고 건류의 부산물로써 커피 프레이그런스, 아로마, 노즈, 뒷맛 속에서 발견되는 기본적인 커피 아로마들을 실증하고 있다. 그뿐만 아니라 커핑 테이블에서 맞닥뜨리게 되는 흔한 아로마 오점도 실증하고 있다. 그것은 아로마 인지 능력과 풍미 기억 기술을 쌓기 위한 대단한 도구다.

좋은 커핑 기술을 발전시킬 기회는 커피 산업 역사의 그 어느 시점보다 더 많아졌다. 커피 전문가가 되고자 열망하는 모든 사람은 커핑하는 법을 배울 필요가 있다.

## 시각 보조 교재

SCAA는 커핑 과정에서 도움이 되는 시각 보조 교재를 많이 만들었다. 이 시각 보조 교재들은 지리적 기원을 그린 포스터, 분류 방법, 그리고 단어 용법으로 구성되어 있으며, 다음 것들을 포함한다.

- 세계의 스페셜티 커피들(지도)
- 생두 분류 체계
- 생두 등급 판정 방법 & 결점들
- 커피 감식가용 풍미 휠
- 커피에서의 아로마 인식 기술

이 보조물들은 커피 커핑에서 기본 콘셉트와 풍미 언어 연상에 대한 빠르고 쉬운 시각적인 참고를 제공한다.

# 4부
# 속성 척도화
## ATTRIBUTE SCALING

## 순위 및 점수화 체계

전통적으로 커피는 점수제를 통해 평가되어 왔으며, (1) 아로마, (2) 산도, (3) 바디, (4) 풍미, 그리고 (5) 뒷맛은 거기서 어떤 유형의 숫자 점수를 받았다. 일반적으로 산도와 바디는 강도 혹은 농도의 평가로 간주되어 온 반면 아로마, 풍미, 그리고 뒷맛은 어떤 선호도나 수용 가능성 점수화의 방식이 주어졌다.

커피에서 일관된 평가를 내리는 데 있어서, 커퍼들이 평가를 진행하기 이전에 그들이 어떤 유형의 평가를 만들도록 요구되는지를 이해하는 것은 매우 중요하다.

점수화(Rating) : 커피 커핑에서, 아로마(아로마의 복잡성), 풍미[구개 안에서의 맛과 아로마(노즈)의 조합], 균형감(다양한 맛과 아로마가 서로 어우러지는 정도를 평가하는, 전체적인 풍미 인상), 그리고 뒷맛(입안에서 사라지지 않는 맛과 아로마의 느낌)은 1-10의 척도로 매우 빈약한(Very Poor)부터 두드러진(Outstanding)까지 선호도 점수(preference rating)를 받아야 한다.

순위화(Ranking) : 커피 커핑에는 또한 강도 순위를 받을 수 있거나 받아야 하는 많은 속성들이 있을 것이며, 그것들은 1-10 척도로, 감지할 수 없는(Imperceptible)부터 강렬한(Intense)까지다. 보통은 이런 속성들은 수렴성, 산도, 톡 쏘는 아로마(종종 추출액의 노즈와 관련된), 그리고 바디(추출액의 입안 촉감)를 포함한다. 덧붙여, 기본 맛인 단맛, 신맛, 쓴맛 그리고 짠맛(일반적으로 기타로 분류됨)의 강도에는 강도 순위가 부여될 수 있다.

**특별한 기술어들(Special Descriptors) :** 산도에 대한 등급은 1-10 척도로 매우 밋밋한(Very Flat)부터 매우 상큼한(Very Bright)까지이고, 반면 입안 촉감(바디)에 대한 등급은 1-10 척도로, 매우 묽은(Very Thin)부터 매우 무거운(Very Heavy)까지다.

**정량적인 측정(Quantitative Measurement) :** 커피 커핑에서, 평가되는 상품의 '정량적인 측정'을 포함하는 것이 항상 최선이며, 그것은 추후 여러 가지 관능 속성들의 '점수화와 순위화(rating and ranking)'의 점수를 평가하는데 사용될 수 있다. 이러한 '양적인 측정'은 로스트 컬러, pH(수소 이온), 추출액의 농도(또는 가용 성분의 농도), 그리고 고려 중인 또 다른 중요 자극들을 포함해야 한다.

**서술적인 분석(Descriptive Analysis) :** 데이터가 일단 세심하고 체계적으로 표로 작성되면, 그 결과는 '거미'(또는 별) 다이어그램 위에 표시될 수 있는데, 이것은 커퍼가 호감을 갖거나 선호하는 점수화 속성들로 이끄는 양적인 차원들과 순위화 속성들에 대한 시각적인 그림을 만들어 내기 위한 것이다.

### 선호도 점수화 기술어들

| 척도 | 속성 | 용어 |
|---|---|---|
| 1-10 | 풍미(Flavor) | 매우 빈약한 - 두드러진<br>(Very Poor-Outstanding) |
| 1-10 | 복잡성(Complexity) | 매우 빈약한 - 두드러진<br>(Very Poor-Outstanding) |
| 1-10 | 균형감(Balance) | 매우 빈약한 - 두드러진<br>(Very Poor-Outstanding) |
| 1-10 | 뒷맛(Aftertaste) | 매우 빈약한 - 두드러진<br>(Very Poor-Outstanding) |

## 강도 점수화 기술어들

| 척도 | 속성 | 용어 |
|------|------|------|
| 1-10 | 단맛(Sweet) | 감지할 수 없는 - 강렬한<br>(Imperceptible-Intense) |
| 1-10 | 신맛(Sour) | 감지할 수 없는 - 강렬한<br>(Imperceptible-Intense) |
| 1-10 | 기타 Other<br>(짠맛 Salt) | 감지할 수 없는 - 강렬한<br>(Imperceptible-Intense) |
| 1-10 | 떫은맛(Astringency) | 감지할 수 없는 - 강렬한<br>(Imperceptible-Intense) |
| 1-10 | 톡 쏘는 맛 (Pungency) | 감지할 수 없는 - 강렬한<br>(Imperceptible-Intense) |

## 특별한 기술어들

| 척도 | 산도 | 입안 촉감 |
|------|------|----------|
| 1 | 매우 밋밋한(Very Flat) | 매우 묽은(Very Thin) |
| 2 | 밋밋한(Flat) | 묽은(Thin) |
| 3 | 매우 부드러운(Very Soft) | 매우 가벼운(Very Light) |
| 4 | 부드러운(Soft) | 가벼운(Light) |
| 5 | 약간 자극적인(Slightly Sharp) | 약간 풍부한(Slightly Full) |
| 6 | 자극적인(Sharp) | 풍부한(Full) |
| 7 | 매우 자극적인(Very Sharp) | 매우 풍부한(Very Full) |
| 8 | 약간 상큼한(Slightly Bright) | 약간 무거운(Slightly Heavy) |
| 9 | 상큼한(Bright) | 무거운(Heavy) |
| 10 | 매우 상큼한(Very Bright) | 매우 무거운(Very Heavy) |

페히너의 법칙(Fechner's Law) : 페히너 박사는 정신물리학자로 자극과 지

각 간의 관계를 연구했다. 그는 1860년 어떤 주어진 자극에 대한 개인의 지각은 그 자극에 대하여 대수적으로 비례한다는 수학적인 공식을 추론해냈다.

페히너는 감각의 강도에 대한 그의 척도로 차이역(Just Noticeable Difference, JND)을 선택했다. 예를 들어, 그는 8 JNDs가 지각된 하나의 느낌이 4 JNDs 중 하나보다 두 배 강한 것으로 여긴다(p89). JNDs는 차이 실험을 통한 측정에 이제 막 이용할 수 있게 되었는데, 그것은 페히너가 1800년대 중반 라이프찌히 대학에서 언스트 베버로부터 배운 것이다. 베버는 식별역은 그것이 척도인 곳에서 최초에 지각된 절대 자극 강도에 비례해서 증가한다는 것을 발견했다 :

$$\frac{DC}{C} = k \ (Weber's\ Law)$$

위 식에서 C는 자극의 온전한 강도, 예를 들면 농도이고, DC는 1 JND에 필요한 자극의 강도의 변화이며, 그리고 k는 상수로 통상 0과 1 사이다. 베버의 법칙은 설명하기를, 예를 들어 겨우 찾아낼 수 있는 첨가된 풍미의 양은 이미 존재하는 첨가된 풍미의 양에 의해 결정된다. 만약 k가 결정되었다면 우리는 얼마나 많은 여분의 풍미가 필요한지 계산할 수 있다. 페히너의 법칙의 사실상의 어원,

$$R = k \log C \ (Fechner's\ law)$$

은 복잡하고, 가정들의 수에 좌우되며, 그 일부는 적용되지 않을 수도 있다(Norwich and Wong, 1997). 페히너의 법칙에 대한 뒷받침이 척도화의 공통 범주들에 의해 제공된다. 페널리스트들이 일차원(말하자면, 단맛)을 따라서 변화하는 많은 표본들에 0-10 척도로 점수를 매길 때, 그 결과는 0-16 척도로(아래 그림) 대수적인 곡선을 그린다. 페히너 이론의 유형적 성과의 하나는 소리의 세기의 대수적인 척도, 즉 데시벨 스케일이었다.

## 커피 속성 스케일링

### −페히너의 법칙−

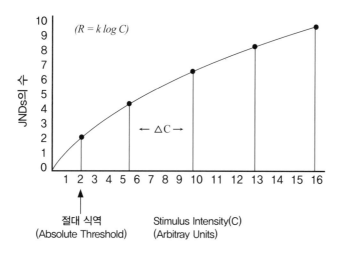

$(R = k \log C)$

## 커피 속성 스케일링

| No. | 페히너의 척도 | 강도 순위화 | 선호도 점수화 |
|---|---|---|---|
| 0 | 0.00 | 순위 없음(Not Ranked) | 평가 없음(Not Rated) |
| 1 | 0.25 | 감지할 수 없는 (Imperceptible) | 매우 나쁜(Very Poor) |
| 2 | 2.00 | 출발점(Threshold) | 나쁜(Poor) |
| 3 | 3.75 | 매우 경미한(Very Slight) | 용인할만한(Acceptable) |
| 4 | 5.50 | 경미한(Slight) | 적당한(Fair) |
| 5 | 7.25 | 약한(Mild) | 평균(Average) |
| 6 | 9.00 | 보통의(Moderate) | 좋은(Good) |
| 7 | 10.75 | 뚜렷한(Distinct) | 매우 좋은(Very Good) |
| 8 | 12.50 | 강한(Strong) | 우수한(Fine) |
| 9 | 14.25 | 매우 강한(Very Strong) | 훌륭한(Excellent) |
| 10 | 16.00 | 강렬한(Intense) | 두드러진(Outstanding) |

## 스파이더 다이어그램

감각적인 그리고 정량적인 데이터의 시각적인 조합을 만들어 내는 가장 유용한 수단의 하나는 '거미' 또는 '별' 다이어그램을 사용하는 것이다. 이 콘셉트, 순위화, 점수화, 그리고 정량적인 숫자들의 사용은 중심점으로부터 발산하는 다른 축을 따라서 기록될 수 있다. 데이터 점을 직선으로 연결함으로써 개별 커피에 대한 시각적인 풍미 프로필이 만들어진다. 커피에 대한 완전한 데이터 세트는 다음을 포함하게 된다.

| 강도 순위화<br>(Intensity Ranking) | 선호도 점수화<br>(Pereference Rating) | 정량적인 측정<br>(Quantitative Measurement) |
|---|---|---|
| 단맛(Sweet) | 풍미(Flavor) | 로스팅 색상<br>(Roast Color) |
| 신맛(Sour) | 복합성(아로마)<br>(Complexity) | pH |
| 쓴맛(Bitter) | 균형감(종합적인)<br>[Balance(Overall)] | 수용성 물질(Solubles) |
| 기타(짠맛)<br>[Others(Salt)] | 뒷맛(Aftertaste) | 기타 자극<br>(Other Stimulus) |
| 수렴성(Astringency) | | |
| 산도(Acidity) | | |
| 톡 쏘는 아로마[Aromatic Pungency(Nose)] | | |
| 입안 촉감(Mouthfeel(Body)) | | |

이 기법에서 수직 및 수평축은 단맛, 신맛, 쓴맛 그리고 기타 맛(짠맛)에 대한 점수화로 만들어진다. 그리고 대각선 축은 로스팅 색상, pH, 중요한 자극, 그리고 가용 성분 농도에 대한 계량적인 측정으로 만들어지며, 거기서 중요한 자극은 도표화 되는 커피의 많은 상이한 양적 측면들일 수 있다. 이 기본적인 다이어그램에 네 개의 부가적인 평점화 속성들인 풍미, 아로마의

복합성, 균형감 그리고 뒷맛뿐 아니라 네 개의 부가적인 등급 속성들인 수렴성, 산도, 톡 쏘는 아로마, 그리고 입안 촉감도 또한 추가될 수 있다. (p99 다이어그램 참조)

스파이더 다이어그래밍 기법의 사용은 모든 축 점수들에 대한 모든 데이터 점수들이 전개되도록 요구하지는 않는다. 상품들 간 비교를 할 때 같은 데이터 축들이 사용된다는 것만이 중요하다. 그것은 기본 변수에서의 변화, 예를 들면 로스트 컬러의 변화가 어떤 주어진 상품에 대한 감각의 영향을 어떻게 움직이는지 평가하는데 매우 강력한 기술이 될 수 있다.

## 커핑 양식들

커피의 관능평가에 관계된 어떤 유형의 문서 기록을 유지하는 것은 커핑 기술을 쌓는데 매우 중요한 측면이 될 수 있다. 기록은 표본 상자에 붙은 작은 카드에 기록된 숫자 몇 개처럼 단순할 수 있고, 공책 속에 넣어둔 짧은 양식일 수 있고, 혹은 미국 스페셜티커피협회가 개발한 일반적인 커핑 양식일 수도 있다.

이 양식들은 최소한 커피의 아로마, 산도, 풍미, 균형감, 바디, 그리고 뒷맛에 대한 평가를 포함해야 한다. 이런 유형의 양식의 사례는 SCAA 커핑 양식의 사용법에 대한 완전한 설명과 함께 이 장에서 제공된다.

## SCAA 커핑 양식

SCAA 커핑 양식의 목적은 커피의 품질에 대한 커퍼의 지각을 알아내려는 것이다. 특정한 풍미 속성들의 품질이 분석되고, 그리고 나서 커퍼의 이전 경험을 참고로, 표본들에 숫자 척도로 평가된다. 표본들 간에 점수가 비교될 수 있다. 높은 점수를 받는 커피들은 낮은 점수를 받는 커피들보다 현저히 좋아야 한다.

커핑 양식은 커피에 대한 중요 풍미 속성들, 즉 프레이그런스/아로마 (Fragrance/Aroma), 풍미(Flavor), 뒷맛(Aftertaste), 산도(Acidity), 바디

양식 : SCAA 커핑 양식 표본은 101페이지에 나와 있다.

(Body), 균형감(Balance), 균일성(Uniformity), 클린 컵(Clean Cup), 단맛(Sweetness), 결점(Defects), 그리고 종합적인 느낌(Overall)에 대한 하나의 기록 수단을 제공한다. 특정한 풍미 속성들은 커퍼의 판단 등급을 반영하는 긍정적인 품질 점수들이다. 결점들은 불쾌한 풍미 느낌들을 드러내는 부정적인 점수들이고, 종합 점수는 개별 커퍼의 개인적인 평가로서의 풍미 경험에 근거한다. 이것들은 16점 척도로 등급이 매겨지며, 6부터 9까지의 수 값으로 0.25점씩 증분하여 품질 수준을 나타난다. 이 수준들은 다음과 같다.

**품질 점수**

| Good | Very Good | Excellent | Outstanding |
|------|-----------|-----------|-------------|
| 6.00 | 7.00 | 8.00 | 9.00 |
| 6.25 | 7.25 | 8.25 | 9.25 |
| 6.50 | 7.50 | 8.50 | 9.50 |
| 6.75 | 7.75 | 8.75 | 9.75 |

이론적으로, 위의 점수 범위는 최솟값 0점부터 최댓값 10점까지다. 점수의 낮은 쪽 끝이 스페셜티 등급 밑이다.

## SCAA 커핑 프로토콜

사용되는 모든 컵은 동일한 용량, 치수, 재질로 제작된 것이어야 한다.

**커핑용 유리컵** | SCAA는 6.5~9 액체 온스*(207ml~266ml), 지름 3~3.5인치(76~89mm)의 유리컵이나 자기로 된 부용 사발을 권장한다. 컵은 뚜렷한 향 없이 깨끗하고 실온 상태여야 한다. 금속 뚜껑은 안 된다.

## 표본 준비

**로스팅** | 표본은 커핑 24시간 이내에 볶아져야 하고, 적어도 8시간은 휴지시켜야 한다. 로스팅 프로필은 라이트에서 미디엄 라이트 로스트이어야 하고, M-Basic(Gourmet) 애그트론 기준으로 대략 홀빈은 58, 가루로는 63에 +/-1포인트로 측정되어야 한다(표준 척도로 55-60, 또는 애그트론/SCAA 로스팅 타일 #55). 로스팅은 8분을 넘겨야 하고, 12분을 넘지 않아야 한다. 그을림이나 티핑이 보여선 안 된다. 표본은 즉시 공랭되어야 한다(수랭은 안됨). 표본들이 실온(대략 75℉ 또는 20℃)에 이를 때, 기밀 용기나 밀봉 백 안에 저장되어서 커핑까지 공기 노출을 최소화하고 오염을 방지해야 한다. 표본들은 서늘하고 어두운 곳에 저장되어야 하지만 냉장이나 냉동은 안 된다.

**도량법 결정** | 최적의 비율은 물 150ml에 커피 8.25g으로, 이것으로 골든 컵을 위한 최적 균형 레시피의 중점에 준한다. 선택된 커핑 컵에 맞는 물의 양을 결정하고, 이 비율대로 +/-0.25g 범위 안에서 무게를 조정한다.

**커핑 준비** | 표본은 커핑 직전에 분쇄되어야 하며, 물로 우리기 전에 15분을 넘겨선 안 된다. 이렇게 할 수 없다면 표본을 덮어 둬야 하고, 분쇄 후 30분 이내에 우려야 한다. 적절한 컵 액량을 위해서 표본은 미리 정해진 비율(위의 비율 참조)에 따라 홀빈으로 무게를 재야 한다. 표본의 균일성을 평가하기 위해서 각 표본당 5개 컵이 준비되어야 한다. 각 표본 컵은 그라인더에 세척용 분량을 돌린 이후에 분쇄해야 하고, 그러고 나서 각 컵의 1회 분량을 개별적으로 분쇄해서 커핑 컵에 넣는데, 각 컵에 배분된 표본의 전체량 그리고 일관된 양을 보장하는 것이다. 분쇄 후 즉시 각 컵에 뚜껑을 덮어야 한다.

**붓기** | 커핑에 사용되는 물은 깨끗하고 냄새가 없어야 하며, 하지만 증류되거나 연수 처리되면 안 된다. 이상적인 용존 고형물 총량은 125~175 ppm이며, 100ppm 이하거나 250ppm 이상이면 안 된다. 물은 새로 뽑은 것이어야 하고, 커피 가루 위에 부어지는 시점에 대략 200℉(93℃)라야 한다(온도

는 상승으로 맞춰져야 한다). 뜨거운 물은 정량의 가루 위에 컵의 테두리까지 직접 부어져야 하는데, 모든 가루가 확실하게 적셔지게 하기 위해서다. 가루는 평가 전 3~5분 동안 방해 없이 푹 적셔져야 한다.

표본들은 먼저 육안으로 로스팅 색상에 대한 점검을 받아야 한다. 이것은 시트 위에 표시되고, 특정한 풍미 속성들의 점수를 매기는 동안 하나의 참고로 쓰일 수도 있다. 각 속성에 점수를 매기는 순서는 커피가 식으면서 온도가 내려가는데 기인한 풍미 지각 변화들에 기초한다.

### 1단계 – 방향/아로마(Fragrance/Aroma)

- 표본이 분쇄되고 15분 이내에 뚜껑을 열고 마른 가루에 코를 킁킁거려서 표본의 방향이 평가되어야 한다.
- 물로 우린 후에 표면은 최소 3분간 그러나 5분을 안 넘게 깨지 않고 놔둔다. 3번을 저어서 표면을 깨고 나서, 약하게 코를 킁킁거려 냄새 맡는 동안 스푼 뒤로 거품이 밀려가게 한다. 그리고 나서 방향/아로마 점수가 마른 그리고 젖은 상태에 대한 평가를 기초로 표시된다.

### 2단계 – 풍미, 뒷맛, 산도, 바디, 그리고 균형감
### (Flavor, Aftertaste, Acidity, Body, and Balance)

- 우린 지 약 8~10분 지나서 표본이 160℉(71℃)까지 식었을 때, 음료에 대한 평가가 시작되어야 한다. 음료는 가능한 많은 영역을 덮는 방식으로 입속으로, 특히 혀와 위쪽 구개로 빨아들인다. 코로 역류하는 증기들은 이런 고온에서 최대 강도이기 때문에 풍미와 뒷맛은 이 시점에서 평가된다.
- 커피가 계속 식어 가면(71℃~60℃), 다음으로 산도, 바디, 그리고 균형감을 평가한다. 균형감은 풍미, 뒷맛, 산도, 그리고 바디가 상승 작용 조합에서 서로 얼마나 잘 맞는지를 커퍼가 평가하는 것이다.
- 상이한 속성들에 대한 커퍼의 선호도는 표본이 식으면서 몇 개의 다른 온도에서(2 또는 3회) 평가한다. 표본을 16점 척도로 평가하기 위해서,

커핑 양식 위에 적당한 ∨표를 친다. 만약 변화가 생기면(만약 표본이 온도 변화 때문에 이미 인지된 어떤 품질을 얻거나 잃으면), 수평 눈금을 다시 표시하고, 최종 점수의 방향을 나타내기 위해서 화살표를 그린다.

### 3단계 - 단맛, 균일성, 그리고 청결도
### (Sweetness, Uniformity, and Cleanliness)

- 추출액이 실온(38℃ 이하)에 가까워지면서 단맛, 균일성, 그리고 청결도를 평가한다. 이런 속성들에 대해서, 커퍼는 각각의 컵마다 판정을 내리는데, 컵당 속성당 2점을 부여한다(최대 점수는 10점).
- 표본이 70℉(21℃)에 다다르면 음료에 대한 평가는 중단되어야 하고, 커퍼가 전체 점수를 결정하고, 결합된 모든 속성들에 근거해서 표본에 '커퍼의 점수'가 주어진다.

### 4단계 - 점수 기입(Scoring)

- 표본들의 평가 후, 모든 점수들을 아래 '채점' 섹션에 서술로 더하고, 최종 점수를 상단 우측 박스에 기록한다.

## 개인적인 구성 점수들

속성 점수는 커핑 양식의 알맞은 상자에 기록한다. 일부 긍정적인 속성들에 대해서는 두 개의 ∨ 표시 눈금이 있다.
- 수직(위아래) 눈금들은 리스트에 있는 감각 요소의 강도에 등급을 매기기 위해 사용되며, 평가자의 기록을 위해 표시된다.
- 수평(좌우) 눈금들은 특별한 요소의 상대적 품질에 대한 패널리스트의 인식을 평가하기 위해 사용되며, 그들의 표본에 대한 인식과 품질에 대한 경험적인 이해에 기초하고 있다.
이런 각각의 속성들에 대한 보다 충분한 설명이 아래에 있다.
- 프레이그런스(Fragrance)/아로마(Aroma) | 아로마의 측면은 프레이그런스(분쇄된 커피가 아직 적셔지지 않았을 때의 냄새로 정의된다)와 아로마

(커피가 뜨거운 물로 우려졌을 때의 냄새)를 포함한다. 우리는 이것을 세 번의 상이한 단계에서 평가할 수 있는데 (1) 물이 부어져서 커피가 되기 전에 컵에 들어 있는 가루의 냄새 들이마시기, (2) 껍질을 깨는 동안 방출되는 아로마 들이마시기, 그리고 (3) 커피가 푹 우려질 때 방출되는 아로마 들이마시기다. 특정 아로마들은 '품질들' 밑에 기록될 수 있고 마른, 브레이크 할 때의, 그리고 젖은 아로마 단계들의 강도는 5점짜리 수직 눈금에 메모된다. 최종적으로 주어진 점수는 표본의 프레이그런스/아로마의 세 측면 모두에 대한 선호도를 반영해야 한다.

• **풍미(Flavor)** | 풍미는 커피의 주된 특성인, 커피의 첫 아로마와 산도가 주는 첫인상과 최종 뒷맛까지 사이의 '중간 범위의' 특징들을 나타낸다. 모든 미각(미뢰)의 느낌들, 그리고 입에서 코로 가는 비후 아로마가 하나로 합쳐진 인상이다. 풍미에 대해 부여되는 점수는, 평가에서 커피가 입천장 전체를 감싸도록 격렬하게 후루룩 입으로 들어갔을 때 경험되는 강도, 품질 그리고 결합된 맛과 아로마의 복잡성을 설명해야 한다.

• **뒷맛(Aftertaste)** | 뒷맛은 구개의 뒤에서부터 발산되고 커피를 뱉거나 마신 뒤에 남는 긍정적인 풍미(맛과 아로마) 품질들의 길이로 정의된다. 만약 뒷맛이 짧거나 불쾌하다면 낮은 점수가 주어질 것이다.

• **산성도(Aidity)** | 산성도는 보통 호감을 줄 때는 '상큼함(brightness)'으로, 그렇지 않을 때는 '시큼하다(sour)'로 기술된다. 산성도는 가장 좋은 상태에 커피의 활기, 단맛, 그리고 신선한 과일의 특징에 기여하며, 커피가 처음 입속으로 들어갔을 때 거의 즉시 경험되고 평가된다. 하지만 너무 강렬하고 지배적이면 불쾌할 수 있고 그리고 과도한 산성도는 표본의 풍미 프로필에 적합하지 않다.

• **바디(Body)** | 바디의 질은 입속에서 액체의 촉감에 좌우되는데, 특히 혀와 입천장 사이에서 느껴질 때다. 무거운 바디를 가진 대개의 표본들은 또한 품질이라는 측면에서 높은 점수를 받을 수 있는데, 추출 콜로이드와 자당

의 존재 때문이다. 하지만 가벼운 바디를 가진 어떤 표본들은 입속에서 유쾌한 느낌을 갖게 한다. 수마트라 커피처럼 높은 바디가 예상되는 커피, 또는 멕시코 커피처럼 낮은 바디가 예상되는 커피는, 비록 바디 강도의 등급이 전혀 다르더라도 똑같이 높은 선호도 점수를 받을 수 있다.

- **균형감(Balance)** | 풍미, 뒷맛, 산성도, 그리고 바디라는 표본의 다양한 모든 측면이 어떻게 함께 작용하고 서로 보충하거나 대비되는가가 균형감이다. 만약 표본이 어떤 아로마나 맛의 속성을 결여하고 있거나 어떤 속성들이 너무 강하다면, 균형감 점수는 줄어들 것이다.

- **단맛(Sweetness)** | 단맛은 어떤 뚜렷한 단맛뿐 아니라 풍미의 기분 좋은 충만함에 관련되며, 그것의 인지는 약간의 탄수화물의 존재의 결과다. 이 문맥에서 단맛의 반대는 신맛, 떫은맛 또는 '풋내(green)'의 풍미다. 이 품질은 자당이 많이 든 소다 드링크 같은 상품에서처럼 즉각 인지되지 않을 수도 있지만, 다른 풍미 속성들에 영향을 준다. 이 속성을 나타내는 각 컵에 2점이 주어지며, 최대 점수는 10점이다.

- **깨끗함(Clean Cup)** | 깨끗함은 첫 모금부터 마지막 뒷맛까지 지장을 주는 부정적인 인상이 없는, 컵의 '투명함(transparency)'에 관련된 것이다. 이 속성을 평가함에 있어서, 처음 마시는 시점부터 마지막 삼킴 또는 뱉어냄까지 모든 풍미 경험에 주의해야 한다. 커피가 아닌 것 같은 어떤 맛이나 아로마도 개별 컵에 부적격 판정을 내릴 것이다. 깨끗함이라는 속성을 나타내는 각 컵에 2점이 주어진다.

- **균일성(Uniformity)** | 균일성은 실험된 표본의 상이한 컵들 풍미의 일관성에 관한 것이다. 만약 컵들에서 다른 맛이 난다면, 이 측면의 평점은 높지 않을 것이다. 이 속성을 나타내는 각 컵마다 2점이 주어지며, 만약 모든 컵이 마찬가지라면 최대 10점이다.

- **종합적인 인상(Overall)** | '종합적인 인상'에 대한 평점의 단계는 패널리스트 개인이 표본에 대해 느낀 전체적으로 통합된 점수를 반영하려는 것이

다. 매우 기분 좋은 측면들을 많이 가졌지만 상당히 측정 불가하다면 낮은 점수를 받게 된다. 그 특성에 대한 기대를 충족시키고, 특별한 산지 풍미 품질들을 나타내는 커피는 높은 점수를 받을 것이다. 이것은 패널리스트들이 개인적인 평가를 하는 단계다.

- **결점(Defects)** | 결점들은 커피의 품질을 떨어뜨리는 부정적이거나 좋지 않은 풍미들이다. 이것들은 2가지로 세분된다. 오점(taint)은 뚜렷하지만 압도적이진 않은, 보통 아로마 측면에서 발견되는 이취다. '오점' 하나는 강도에서 '2'를 받는다. 결점(fault)은 압도적이거나 표본을 불쾌하게 만드는, 대개 맛 측면에서 발견되는 이취로, 강도에서 '4'를 받는다. 결점은 우선 분류되어야 하고(오점 또는 결점으로), 그리고 나서 기술되고(예를 들면 '신', '고무 같은', '발효된', '페놀 같은') 그리고 문서로 기술된다. 결점이 발견된 컵의 수가 다음으로 메모되고, 그리고 결점의 강도는 2 또는 4로 기록된다. 결점 점수는 커핑 양식 안내에 따라 곱해지고 총점에서 제해진다.

## 최종 점수

최종 점수는 우선 각각의 주요 속성들에 대해 주어진 개별 점수들을 합해서 '총점'이라고 표시된 박스 안에 계산된다. 그리고 나서 결점들을 '총점'에서 공제해서 '최종 점수'가 된다. 아래와 같은 채점 키는 최종 점수에 대한 커피 품질의 범위를 기술하는 의미 있는 방법으로 입증되었다.

### 총점에 의한 품질 분류

| 90~100 | Outstanding | |
|---|---|---|
| 85~89.99 | Excellent | 스페셜티 |
| 80~84.99 | Very Good | |
| 〉80.00 | Below Specialty Quality | 스페셜티가 아님 |

# DIAGRAMS

## COFFEE ATTRIBUTE SCALING

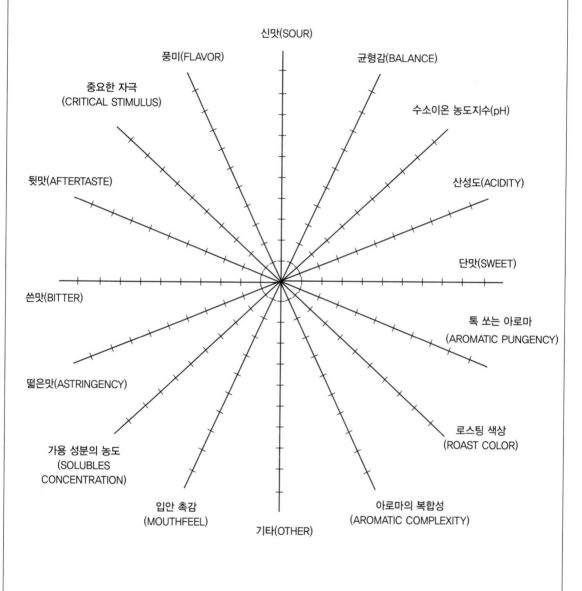

신맛(SOUR)

풍미(FLAVOR)

균형감(BALANCE)

중요한 자극
(CRITICAL STIMULUS)

수소이온 농도지수(pH)

뒷맛(AFTERTASTE)

산성도(ACIDITY)

쓴맛(BITTER)

단맛(SWEET)

톡 쏘는 아로마
(AROMATIC PUNGENCY)

떫은맛(ASTRINGENCY)

로스팅 색상
(ROAST COLOR)

가용 성분의 농도
(SOLUBLES
CONCENTRATION)

입안 촉감
(MOUTHFEEL)

아로마의 복합성
(AROMATIC COMPLEXITY)

기타(OTHER)

Name : _____    Date : _____

Company : _____    Ref# : _____

# 커핑 평가
# Cupping Evaluation
### Grading Form – Single Sample

Name : _____        Date : _____

Company : _____        Ref# : _____


**프레이그런스/아로마(Fragrance/Aroma) : (아로마의 복합성 – 선호도 평점)**

| Very Poor | | | | | | | | | Outstanding |
|---|---|---|---|---|---|---|---|---|---|
| 1 | 2 | 3 | 4 | 5 | 6 | 7 | 8 | 9 | 10 |


**산성도(Acidity) :          (커피의 상큼함 – 선호도 평점)**

| Very Poor | | | | | | | | | Very Bright |
|---|---|---|---|---|---|---|---|---|---|
| 1 | 2 | 3 | 4 | 5 | 6 | 7 | 8 | 9 | 10 |


**풍미(Flavor) :          (커피의 기분 좋은 특성 – 선호도 평점)**

| Very Poor | | | | | | | | | Outstanding |
|---|---|---|---|---|---|---|---|---|---|
| 1 | 2 | 3 | 4 | 5 | 6 | 7 | 8 | 9 | 10 |


**바디(Body) :          (음료의 입안 촉감 – 강도 평점)**

| Very Thin | | | | | | | | | Very Heavy |
|---|---|---|---|---|---|---|---|---|---|
| 1 | 2 | 3 | 4 | 5 | 6 | 7 | 8 | 9 | 10 |


**뒷맛(Aftertaste) :          (구개에서의 기본 좋은 느낌 – 선호도 평점)**

| Very Poor | | | | | | | | | Outstanding |
|---|---|---|---|---|---|---|---|---|---|
| 1 | 2 | 3 | 4 | 5 | 6 | 7 | 8 | 9 | 10 |


**균형감(Balance) :          (커피의 기분 좋은 전체적인 특성 – 선호도 평점)**

| Very Poor | | | | | | | | | Outstanding |
|---|---|---|---|---|---|---|---|---|---|
| −5 | −4 | −3 | −2 | −1 | 0 | +1 | +2 | +3 | +4 | +5 |

# 미국 스페셜티커피협회 커핑 양식

SPECIALTY COFFEE ASSOCIATION OF AMERICA®

Name: ____________________

Date: ____________________

| Quality scale: | | | |
|---|---|---|---|
| 6.00 - Good | 7.00 - Very Good | 8.00 - Excellent | 9.00 - Outstanding |
| 6.25 | 7.25 | 8.25 | 9.25 |
| 6.50 | 7.50 | 8.50 | 9.50 |
| 6.75 | 7.75 | 8.75 | 9.75 |

Sample #

Roast Level of Sample

Fragrance/Aroma — Score: ☐ — 6 7 8 9 10 — Dry — Qualities: — Break

Flavor — Score: ☐ — 6 7 8 9 10

Aftertaste — Score: ☐ — 6 7 8 9 10

Acidity — Score: ☐ — 6 7 8 9 10 — Intensity — High — Low

Body — Score: ☐ — 6 7 8 9 10 — Level — Heavy — Thin

Uniformity — Score: ☐ — ☐ ☐ ☐ ☐ ☐

Balance — Score: ☐ — 6 7 8 9 10

Clean Cup — Score: ☐ — ☐ ☐ ☐ ☐ ☐

Sweetness — Score: ☐ — ☐ ☐ ☐ ☐ ☐

Overall — Score: ☐ — 6 7 8 9 10

Total Score ☐

Defects (subtract) — Taint=2 — Fault=4 — # cups ☐ X Intensity ☐ = ☐

Notes:

Final Score ☐

Sample #

Roast Level of Sample

Fragrance/Aroma — Score: ☐ — 6 7 8 9 10 — Dry — Qualities: — Break

Flavor — Score: ☐ — 6 7 8 9 10

Aftertaste — Score: ☐ — 6 7 8 9 10

Acidity — Score: ☐ — 6 7 8 9 10 — Intensity — High — Low

Body — Score: ☐ — 6 7 8 9 10 — Level — Heavy — Thin

Uniformity — Score: ☐ — ☐ ☐ ☐ ☐ ☐

Balance — Score: ☐ — 6 7 8 9 10

Clean Cup — Score: ☐ — ☐ ☐ ☐ ☐ ☐

Sweetness — Score: ☐ — ☐ ☐ ☐ ☐ ☐

Overall — Score: ☐ — 6 7 8 9 10

Total Score ☐

Defects (subtract) — Taint=2 — Fault=4 — # cups ☐ X Intensity ☐ = ☐

Notes:

Final Score ☐

Sample #

Roast Level of Sample

Fragrance/Aroma — Score: ☐ — 6 7 8 9 10 — Dry — Qualities: — Break

Flavor — Score: ☐ — 6 7 8 9 10

Aftertaste — Score: ☐ — 6 7 8 9 10

Acidity — Score: ☐ — 6 7 8 9 10 — Intensity — High — Low

Body — Score: ☐ — 6 7 8 9 10 — Level — Heavy — Thin

Uniformity — Score: ☐ — ☐ ☐ ☐ ☐ ☐

Balance — Score: ☐ — 6 7 8 9 10

Clean Cup — Score: ☐ — ☐ ☐ ☐ ☐ ☐

Sweetness — Score: ☐ — ☐ ☐ ☐ ☐ ☐

Overall — Score: ☐ — 6 7 8 9 10

Total Score ☐

Defects (subtract) — Taint=2 — Fault=4 — # cups ☐ X Intensity ☐ = ☐

Notes:

Final Score ☐

Sample #

Roast Level of Sample

Fragrance/Aroma — Score: ☐ — 6 7 8 9 10 — Dry — Qualities: — Break

Flavor — Score: ☐ — 6 7 8 9 10

Aftertaste — Score: ☐ — 6 7 8 9 10

Acidity — Score: ☐ — 6 7 8 9 10 — Intensity — High — Low

Body — Score: ☐ — 6 7 8 9 10 — Level — Heavy — Thin

Uniformity — Score: ☐ — ☐ ☐ ☐ ☐ ☐

Balance — Score: ☐ — 6 7 8 9 10

Clean Cup — Score: ☐ — ☐ ☐ ☐ ☐ ☐

Sweetness — Score: ☐ — ☐ ☐ ☐ ☐ ☐

Overall — Score: ☐ — 6 7 8 9 10

Total Score ☐

Defects (subtract) — Taint=2 — Fault=4 — # cups ☐ X Intensity ☐ = ☐

Notes:

Final Score ☐

# 커핑 패널 선발
## CUPPING PANNEL SELECTION
### Prescreening Questionnaire

Name _____

Company _____

Address _____

City _____ State _____ ZIP_____

TEL _____ FAX _____ e-mai _____

1. 커피 산업에 몇 년간 종사했습니까? _____

2. 커피 경력은 몇 년입니까? _____

3. 커핑 대회에 참여하신 적이 있습니까? YES _____ NO _____

4. 당신은 맛과 향에 영향을 주는 어떤 약물을 복용하고 있습니까? 만약 그렇다면 설명해 주십시오.

_____

5. 당신은 주기적으로 흡연을 합니까? YES _____ NO _____

6. 당신은 어떤 음식의 알레르기성입니까? YES _____ NO _____

7. 당신은 부비강 알레르기가 있습니까? YES _____ NO _____

8. 맛을 구별하는 당신의 능력은 :

   평균 이상 _____ 평균 _____ 평균 이하 _____

9. 향을 구별하는 당신의 능력은 :

   평균 이상 _____ 평균 _____ 평균 이하 _____

10. 풍미 패널로 참여하도록 선정된 적이 있습니까? YES _____ NO _____

# 커핑 패널 선발
# CUPPING PANNEL SELECTION
## Basic Tastes Ranking/Rating/Combination Test

## 1. 참고용 용액 세트 :

리터당 그램 수 농도

| 맛 | | I | II | III | IV |
|---|---|---|---|---|---|
| 신맛 | 구연산/물, g/L | 0.25 | 0.50 | 1.00 | 2.00 |
| 단맛 | 당/물, g/L | 5.00 | 10.0 | 20.0 | 40.0 |
| 짠맛 | 염/물, g/L | 0.50 | 1.00 | 2.00 | 4.00 |

이취 없는 물(맑고 신선한 병 음료 추천)을 사용한 용액을 준비하시오.

용액은 사용 24~36시간 전에 준비되어야 한다. 준비된 표본들은 냉장하라. 평가 일에는 70℉(실온)까지 데우고, 참가자 1인당 10밀리리터를 제공하시오.

## 2. 순위 테스트 :

a. 범위 : 패널리스트들은 참고용 용액 세트 안에서 신맛, 단맛 그리고 쓴맛의 농도 변화를 구별해야 한다.

b. 테스트 설계 : 패널리스트들에게 코드화된 표본들이, 한 참고용 세트의 표본 I부터 IV까지 한번에 제시되고, 각 표본의 상대적인 강도에 순위 매기기.

c. 채점 체계 :

코드가 붙은 컵 속에 든 신맛 용액에 오름차순으로 순위를 매길 것 :

CODE

가장 덜 신맛 _____

_____

가장 신맛 _____

_____

코드가 붙은 컵 속에 든 단맛 용액에 오름차순으로 순위를 매길 것 :

CODE

가장 덜 단맛 _____

_____

가장 단맛 _____

_____

코드가 붙은 컵 속에 든 짠맛 용액에 오름차순으로 순위를 매길 것 :

CODE

가장 덜 짠맛          _____

_____

가장 짠맛            _____

_____

## 3. 식별 그리고 순위 테스트

A. 범위 : 커피 풍미 평가는 신맛, 단맛 그리고 짠맛에서 강도의 변화 정도들을 수치 척도로 지각하고, 평가하는 것이 요구된다. 특별한 자극에 대한 정확한 비례를 평가하는데 기술이 요구된다.

B. 실험 설계 : 페널리스트들은 참고용 용액 세트의 각 농도별로 코드가 붙은 12개의 표본들을 무작위 순서로 제시받고(신맛, 단맛, 그리고 짠맛  I부터 IV까지), 그것들을 식별(identifying)하고 그리고 그것들을 0부터 16까지의 수치 척도로 순위(ranking)를 매긴다.

C. 채점 체계 : 각각 코드가 붙은 용액의 신맛, 단맛, 그리고 짠맛을 상대적인 강도/농도에 따라 아래 척도로 평가한다.

Code              Identify              Ranking

01 - _____  _____  0 1 2 3 4 5 6 7 8 9 10 11 12 13 14 15 16

02 - _____  _____  0 1 2 3 4 5 6 7 8 9 10 11 12 13 14 15 16

03 - _____  _____  0 1 2 3 4 5 6 7 8 9 10 11 12 13 14 15 16

04 - _____  _____  0 1 2 3 4 5 6 7 8 9 10 11 12 13 14 15 16

05 - _____  _____  0 1 2 3 4 5 6 7 8 9 10 11 12 13 14 15 16

06 - _____  _____  0 1 2 3 4 5 6 7 8 9 10 11 12 13 14 15 16

07 - _____ _____   0  1  2  3  4  5  6  7  8  9  10  11  12  13  14  15  16

08 - _____ _____   0  1  2  3  4  5  6  7  8  9  10  11  12  13  14  15  16

09 - _____ _____   0  1  2  3  4  5  6  7  8  9  10  11  12  13  14  15  16

10 - _____ _____   0  1  2  3  4  5  6  7  8  9  10  11  12  13  14  15  16

11 - _____ _____   0  1  2  3  4  5  6  7  8  9  10  11  12  13  14  15  16

12 - _____ _____   0  1  2  3  4  5  6  7  8  9  10  11  12  13  14  15  16

## 4. 기본적인 맛의 조합 테스트 :

A. 범위 : 커피 풍미는 대개 둘 혹은 세 양상들의 조합을 포함하며, 신맛, 단맛, 그리고 짠맛 혼합물의 시음은 패널리스트들에게 방향성 물건들의 집중 방해 없이 맛의 강도를 평가하는 기술을 발전시킬 기회를 제공한다.

B. 실험 설계 : 패널리스트들은 한 가지 요소 용액들로 구성된 참고용 세트에 그들이 익숙해지는 것으로 시작한다. 컵들은 단맛 Ⅰ, 짠맛 Ⅱ, 신맛 Ⅲ, 단맛 Ⅳ 하는 식으로 라벨이 붙어 있고, 거기서 Ⅰ=1-4, Ⅱ=5-8, Ⅲ=9-12, 그리고 Ⅳ=13-16이다. 참고용 세트는 연습이 계속되는 동안 이용할 수 있게 둔다.

평가 세트는 참고용 용액들 둘, 또는 세 가지의 동일 비율 블렌드들로 구성되어 있다. 패널 리더는 평가 세트에서 블렌드들의 일부 또는 전부를 준비할 수 있다. 패널 리더는 한 번에 하나의 블렌드를 나눠주고, 패널리스트들은 채점 시트를 이용해서 그들의 인상들을 기록한다.

C. 평가 세트 :

| 코드 | % 단맛 | % 신맛 | % 짠맛 |
|------|--------|--------|--------|
| 2 3 2 | Ⅰ | Ⅱ | |
| 7 1 5 | Ⅰ | Ⅳ | |
| 1 1 5 | Ⅱ | Ⅲ | |

| 874 | I |  | II |
|---|---|---|---|
| 903 | I |  | III |
| 266 | III |  | II |
| 379 |  | III | II |
| 438 |  | IV | I |
| 541 |  | II | III |
| 627 | II | I | II |
| 043 | II | IV | III |
| 210 | III | I | I |
| 614 | I | III | II |
| 337 | I | I | III |

적절한 참고용 용액들을 같은 양으로 섞어서 용액을 준비하시오. 용액들은 사용 24~36시간 전에 준비되어야 한다. 준비된 표본은 냉장한다. 평가 당일, 70℉(실온)까지 데우고, 참가자당 10밀리리터(10ml)씩 제공하시오.

D. 채점 체계 :

패널리스트는 단맛, 신맛, 그리고 짠맛의 강도/농도에 0-16점 척도로 등급을 매긴다.

0 = 인지할 수 없음, 1 = 매우 약함, 16 = 매우 강함.

| 코드 | 단맛 | 신맛 | 짠맛 |
|---|---|---|---|
| 232 | _____ | _____ | _____ |
| 715 | _____ | _____ | _____ |
| 115 | _____ | _____ | _____ |
| 874 | _____ | _____ | _____ |
| 903 | _____ | _____ | _____ |
| 266 | _____ | _____ | _____ |
| 379 | _____ | _____ | _____ |
| 438 | _____ | _____ | _____ |
| 541 | _____ | _____ | _____ |
| 627 | _____ | _____ | _____ |
| 043 | _____ | _____ | _____ |
| 210 | _____ | _____ | _____ |
| 614 | _____ | _____ | _____ |
| 337 | _____ | _____ | _____ |

E. 기본적인 맛의 조합 실습 - 평균 결과 :

| 표본 | 단맛 | 신맛 | 짠맛 |
|------|------|------|------|
| 232 | 4-8 | 6-9 | 0-2 |
| 715 | 2-6 | 11-15 | 0-2 |
| 115 | 7-11 | 8-12 | 0-2 |
| 87 | 2-6 | 0-2 | 2-6 |
| 903 | 2-6 | 0-2 | 4-8 |
| 266 | 8-12 | 0-2 | 4-8 |
| 379 | 0-2 | 8-12 | 6-10 |
| 438 | 0-2 | 9-13 | 2-6 |
| 541 | 0-2 | 6-10 | 8-12 |
| 627 | 4-8 | 1-5 | 2-6 |
| 043 | 6-10 | 8-12 | 7-11 |
| 210 | 5-9 | 1-5 | 1-5 |
| 614 | 3-7 | 7-11 | 6-10 |
| 337 | 4-8 | 1-5 | 4-8 |

# 커피 프레이그런스 매칭 테스트

1. 범위 : 커피 프레이그런스 매칭 테스트는 커피에서 발견되는 한계 수준 이상 강도에서의 다양한 자극들을 구별하는(그리고 추가 요구 시 기술하는) 패널리스트의 능력을 알아보기 위해서 사용된다.

2. 절차 : 코드가 붙었고, 그러나 확인되지 않은, 커피 아로마 6가지의 첫 세트에 패널리스트가 익숙해지도록 한다. 그리고 나서 무작위로 마크가 찍힌 표본들 9개 세트를 제시하는데, 그중 일부는 처음 세트와 동일하다. 패널리스트에게 두 번째 세트에서 익숙한 표본들을 점수 시트 위에 확인하고, 그것들에 상응하는 코드들로 표를 붙이게 한다.

3. 참고용 세트들 : (Jean Lenoir의 Le Nez du Cafe에서 선택)

### 아로마 오점들

| 1st Set | 2nd Set Match | Descriptor |
|---------|---------------|------------|
| 001 | ———————— | ———————————————— |
| 036 | ———————— | ———————————————— |
| 020 | ———————— | ———————————————— |
| 005 | ———————— | ———————————————— |
| 013 | ———————— | ———————————————— |
| 035 | ———————— | ———————————————— |

기술어 목록 :

| | | |
|---|---|---|
| 흙 같은 | 커피 펄프 | 고무 |
| 가죽 | 바스마티 쌀 | 구운 쇠고기 |
| 짚 | 의약품 같은 | 연기 |

### 효소에 의한 아로마들

| 1st Set | 2nd Set Match | Descriptor |
|---------|---------------|------------|
| 012 | ———————— | ———————————————— |
| 015 | ———————— | ———————————————— |
| 011 | ———————— | ———————————————— |

017 ———————————— ————————————————

002 ———————————— ————————————————

019 ———————————— ————————————————

기술어 목록 :
| 커피 꽃 | 레몬 | 완두콩 |
|---|---|---|
| 월계화 | 사과 | 감자 |
| 꿀맛 나는 | 살구 | 오이 |

## 당 갈변화에 의한 아로마들

| 1st Set | 2nd Set Match | Descriptor |
|---|---|---|
| 025 | ———————— | ———————————————— |
| 026 | ———————— | ———————————————— |
| 018 | ———————— | ———————————————— |
| 010 | ———————— | ———————————————— |
| 028 | ———————— | ———————————————— |
| 030 | ———————— | ———————————————— |

기술어 목록 :
| 캐러멜 | 다크 초콜릿 | 볶은 헤이즐넛 |
|---|---|---|
| 신선한 버터 | 볶은 아몬드 | 바닐라 |
| 볶은 땅콩 | 호두 | 토스트 |

## 건류

| 1st Set | 2nd Set Match | Descriptor |
|---|---|---|
| 025 | ———————— | ———————————————— |
| 026 | ———————— | ———————————————— |
| 018 | ———————— | ———————————————— |
| 010 | ———————— | ———————————————— |
| 028 | ———————— | ———————————————— |
| 030 | ———————— | ———————————————— |

기술어 목록 :

| | | |
|---|---|---|
| 후추 | 메이플 시럽 | 엿기름 |
| 정향 같은 | 블랙 커런트 같은 | 볶은 커피 |
| 고수씨 | 향나무 | 파이프 담배 |

4. 설명 : 첫 번째 세트의 프레이그런스들을 들이마신다 : 각 표본을 들이마신 후 휴식시간을 갖도록 한다. 두 번째 세트의 프레이그런스들을 들이 마시고, 두 번째 세트 중 어느 표본들이 첫 번째 세트 중 각 표본에 상응하는지 정한다. 두 번째 세트에서 프레이그런스의 코드를 첫 번째 세트와 합치하는 곳에 적는다. 주어진 목록에서 어떤 기술어가 프레이그런스 짝을 가장 잘 설명하는지 정하시오.

# 용어 사전
## GLOSSARY

| 전문 용어 해설 |

■ **Absorbing : 흡수**

한 물질이 다른 물질에 동화되는 것으로, 그 물질의 본질이 변형되거나 사라짐.

■ **Acidity : 산도**

액체 속의 산 함유량의 단위로, 프로톤(수소이온)이 들어 있는 수로 규정되는 산의 상대적인 농도(pH).

■ **Absorbing : 흡착**

매우 얇은(기체, 액체, 또는 고체 같은) 분자층이 액체나 고체의 표면에 접하면서 달라붙는 것.

■ **Aerate : 분무**

공기와 섞어서 기체 상태로 변화시키는 것.

■ **Amino Acid : 아미노산**

아민기($NH_2$) 분자를 포함하는 유기산으로 화학적으로 결합된 사슬을 형성하며, 단백질의 기본 단위다.

■ **Brew Colloids : 추출 콜로이드**

콜로이드는 추출된 커피에 부유하는 오일과 침전물의 새로운 조합으로 형성되며, 커피의 입안 촉감에 질감을 주고, 다른 방향족 화합물을 흡수 및 흡착함으로써 전체적인 풍미에 기여한다.

■ **Colloids : 콜로이드**

용해되지 않은 극소 입자가 액체 속에 고루 분산되어 있는 부유 상태. 입자들은 대부분 굵은 여과 장치를 빠져나갈 만큼 작고, 중력의 힘으로 가라앉지 않는다.

■ **Dry Distillation : 건류**

강한 열이 고체 물질 속에 결합된 여러 가지 화합물을 기화시키고 분리시키는 과정. 분해증류라고도 한다.

■ **Equilibrium : 평형**

하나의 조건하에서의 변화가 다른 조건하에서의 동등하지만 반대되는 변화(반작용)와 상쇄(평형력)되는, 자연스러운 균형 상태.

■ Hydrolysis : 가수분해

물의 작용으로 초래된 유기물 및 무기물의 화학적 변화.

■ Inorganic : 무기물질

탄소 원자를 함유하지 않은 화합물. 예) 소금(NaCl)

■ Liquoring : 액화

액체 물질을 사용해서 가용성 물질을 운반 매개체로부터 분리하는 과정.

■ Organic : 유기물질

탄소 원자를 함유한 화학적 혼합물. 예) 설탕($CH_2O_6$)

■ Oxidation : 산화

산소의 작용으로 초래된 유기 및 무기 화합물의 화학적 변화.

■ Pyrolysis : 열분해

열의 작용으로 초래된 유기 물질 속의 화학적 변화.

■ Volatile : 휘발성

적당한 온도 수준에서 쉽게 기화되는 것을 말한다. 실온에서 금방 증발하는 액체의 특징이다.

# | 용어의 출처 |

**CBC** : 커피브루잉센터(The coffee Brewing Center)는 팬암 커피 사무국이 출자한 훈련 활동이었다. 용어의 정의는 《커피 추출 워크숍 매뉴얼(Coffee Brewing Workshop Manual)》 1970년 개정 #54판에서 발췌했다.

**ICO** : 국제커피기구(The International Coffee Organization)는 관능 연구를 지휘한 테크니컬 유닛을 후원했다. 용어의 정의는 1991년 발행된 《커피 관능 평가(Sensory Evaluation of Coffee)》에서 발췌했다.

**J. ARON** : J. Aron은 주요한 커피 수입 회사였으며, 커피 무역에 관한 짧은 핸드북을 만들었고, 용어의 정의는 여기서 발췌했다.

**LENOIR** : Jean Lenoir는 1997년 커피 아로마 훈련 키트를 만들었다. 그는 이 키트와 함께 《아로마에 대한 연구(Research into Aromas)》라는 짧은 소책자를 David Guermonprez와 공저로 출판했다. 초본은 불어로 쓰였고, Sharon Sutcliffe가 영역했다.

**LINGLE** : Ted R. Lingle은 커피 발전 그룹을 위한 커피 판매 촉진 프로젝트의 한 부분으로서 1984년 《커피 커퍼를 위한 핸드북(Coffee Cupper's Handbook)》을 저술했다.

용어의 정의는 그 책을 위한 연구 중에 기록되었다.

**NESTLE** : 네슬레 음료 회사는 커피 제품 생산의 세계적인 선두주자다. 용어의 정의는 커피 맛 특성 핸드북에서 발췌했다.

**PANGBORN** : Rose Marie Pangborn은 캘리포니아 데이비스 캠퍼스의 교수다. 용어의 정의는 그녀의 저서, 《음식 관능평가의 원칙(Principles of Sensory Evaluation of Food)》에서 발췌했다.

**SIVETZ** : Michael Sivetz는 커피 프로세싱 기술에 대해 광범위한 연구를 한 화학 기술자였다. 용어의 정의들은 《커피 테크놀러지(Coffee Technology)》라는 그의 책에서 발췌했다.

**SMITH** : L. K. Smith는 커피와 차 시음 용어에 대한 차트를 만들었다. 용어의 정의는 그의 차트에서 발췌했다.

**WEBSTER** : Merriam Webster의 대학생용 사전(10판), 메사추세츠 스프링필드 메리엄 웹스터 주식회사에서 1994년 출판.

# | 용어에 대한 정의 |

### ■ ACERBIC : 시큼한

Webster

acerb - 산성의 또는 맛이 신

acerbity - 맛의 산성도

Lingle

커피 추출액에서 혀 위에 아리고 신 느낌을 주는 맛의 결점. 추출 후 노화 과정 동안 과도한 열 때문에 긴 사슬 유기 화합물들이 짧은 사슬 유기 화합물들로 깨진 결과.

### ■ ACID : 산

Webster

신물질 - 염기와 상호작용해서 염을 형성할 수 있는 여러 가지 전형적인 수용성 및 신 화합물로, 수소 함유 분자들이거나, 프로톤을 염기로 발산할 수 있는 이온들이거나, 염기로부터 비공유 전자쌍을 받아들일 수 있는 물질들.

Lingle

프로톤(수소 이온)을 발산할 수 있는 수소 함유 화합물 - 자극의 산 함유량에 관계되며, sour이라는 단어 대신 사용하는 것은 잘못.

Nestle

아라비카 커피, 특히 고지 재배 품종들의 일반적인 특징. 어떤 품종들은 이 특별한 맛 때문에 추구되며(케냐), 그것은 로스팅 정도에 영향을 받으며, pH 측정에 의해 객관적으로 표현되지는 않는 것 같다.

전문가들은 세 종류의 산성도를 인정한다.

1. 천연의 그리고 바람직한 : 산(acid)
2. 천연의 그리고 바람직하지 않은 : 신(sour)
3. 천연이 아닌 그리고 바람직하지 않은 : 가공처리 산성도(process acidity, 기술적인 과정에 의해 발현되고 떫은맛과 함께 인지됨 - 때로 천연 산성도의 대용품으로서 추구되지만, 일반적으로 얼얼하고 입을 오므리게 하는 풍미를 갖는다)

Pangborn

프로톤(수소 이온)을 발산할 수 있는 모든 수소 함유 화합물 - 자극의 산 함유량에 관련되며, sour이라는 단어 대신 사용하는 것은 잘못.

### ■ ACIDITY : 산성도

Webster

산성-시큼함의 특성, 상태 또는 정도.

Lingle

액체의 산 함유량으로, 산의 상대적인 강도(pH)는 방출되는 프로톤(수소 이온)의 숫자로 정해진다.

### Sivetz

고지 재배 커피에서의 바람직한 풍미 - 자극적이고 기분 좋은, 그러나 얼얼하지는 않은.

### ICO

유기산의 용해로 특징지어지는 기본 맛. 바람직한 자극적인 기분 좋은 맛으로 특히 일부 산지에서 강하며 과발효된 신맛에 대조됨.

## ■ ACIDY : 상큼한 맛

### Lingle

커피의 주요한 맛의 느낌으로, 단맛 나는 화합물의 존재와 관계된다.

- 커피 속의 산이 당과 결합해서 추출액의 전체적인 단맛을 증가시킬 때 생성된다.
- 콜롬비아 엑셀소 커피처럼, 해발 4,000피트 이상에서 자란 수세식 아라비카 커피에서 주로 발견된다.
- 상큼한 맛의 커피의 범주는 '자극적인 단맛(piquant)'부터 '강한 단맛(nippy)'까지이며, 혀끝에서 경험되는 맛의 느낌이다.

### CBC

속에서 이런 바람직한 컵 특성이 생기는 커피를 기술하기 위해 사용되는 용어.

- 그 특성은 특히 브라질에서 바람직하고, 대부분의 마일드 커피에서 발견된다. 콜롬비아 커피는 산과 바디를 모두 갖고 있다.
- 상큼한 풍미는 신, 시큼한 또는 발효된 맛

과 반대되는 자극적이고 기분 좋은 맛이다. 그것은 단, 무거운, 달콤한 풍미와 비교할 때, 날카로움, 활기, 그리고 생기를 가진 맛을 나타낸다.

- 올드 크롭 커피는 절대 상큼하지 않다.

### Ukers

속에서 이런 바람직한 컵 특성이 생기는 커피를 기술하기 위한 용어.

### Smith

특별히 어떤 산지들에서 강한 자극적이고 기분 좋은 특성.

- 부식성의, 과발효된, 신 또는 쓴 풍미에 반대됨.

## ■ ACRID : 아린 맛

### Webster

날카롭고 거친 또는 불쾌하게 톡 쏘는 맛이나 냄새.

- 심하게 자극적인 느낌의.

### Lingle

커피의 2차적인 맛의 느낌으로 시큼함과 관련됨.

- 대개 추출액이 처음 삼켜질 때 혀의 뒤쪽 가장자리에서의 날카로운 신 느낌으로 특징지어지며, 추출액이 식으면서 희미한 신 느낌으로 대체된다.
- 산의 비율이 보통 이상으로 높아서 생기는데, 신맛의 산은 짠맛과 신맛의 조율 중에 짠맛 느낌의 지각을 증가시킨다.

-브라질의 비수세식 리오 커피의 특징이다.

## Sivetz
탄 풍미 - 날카로운, 쓴, 그리고 아마도 아리게 하는.

## Pangborn
날카롭고 거친 냄새 : 톡 쏘는.

## Nestle
harsh를 참조.

## ■ AFTERTASTE : 뒷맛

### Webster
자극 물질이 사라진 뒤 (풍미로서의)느낌의 지속.

### Lingle
추출된 커피를 삼킨 뒤 입안에 남는 잔류물로부터 방출된 증기의 느낌으로, 범주는 탄 맛(carbony)부터 초콜릿 같은 (chocolately), 향신료 같은(spicy), 송진 같은(turpeny)까지다.

### Sivetz
평소보다 오래 입안에 남는 맛.

### Pangborn
특정한 조건들하에, 맛의 자극이 사라진 뒤에 이어지는 경험.
- 1차 경험과 연관될 수도 있고, 혹은 삼킴, 침, 희석, 그리고 다른 영향들이 자극 물질에 영향을 미쳤을 일정 시간 후에, 하나의 상이한 특성으로서 뒤따를 수도 있다.

## ■ AGED : 숙성된

### Webster
늙어감에 따라 바람직한 품질을 얻은.

### Lingle
맛과 입안 촉감의 오점으로, 커피콩에 덜 상큼한 맛과 더 큰 바디를 부여함.
- 커피콩이 수확 후 저장되는 숙성 과정 동안 물리적인 변화를 야기하는, 커피콩 속에서의 효소 활동의 결과.

### Sivetz
무거운 바디를 끌어내기 위해 통제된 커피 저장을 의미.
- '오래된(old)' 수확물과는 다르다.

### Pangborn
저장 시간 및 조건들의 결과로 음식물 속에서 발생하는 풍미 및 기타 관능적인 특성들과 관련이 있다.
- 바람직할 수도 아닐 수도 있다.

## ■ ALKALINE : 알칼리 맛

### Webster
알칼리의, 알칼리에 관계된, 또는 알칼리의 특성을 지닌.
- pH(수소 이온 농도 지수)를 가진 또는 7.0 이상인.
- 또한, 약알칼리성의.

### Lingle
커피의 2차 맛 느낌으로 톡 쏘는 맛 (pungent)과 관련됨.

- 혀 뒤에서 건조하고, 후벼 파는 느낌이 특
  징.
- 쓴(꼭 불쾌한 것은 아님) 맛 느낌을 갖는
  알칼리 및 페놀 화합물 둘 다 존재함에 기
  인한다.
- 강배전 커피에서의 전형적인 맛의 느낌.

Pangborn

대개 신맛과 쓴맛(그리고 아마도 촉각) 자
극들의 결합에 기인하는 맛의 느낌.

■ ANIMAL-LIKE : 동물 같은 냄새

ICO

이 냄새 기술어는 약간 동물의 냄새를 떠올
리게 한다. 사향 같은 방향성의 아로마는
아니지만 젖은 모피, 땀, 피혁, 생가죽 또는
오줌의 특유의 냄새를 가졌다. 꼭 부정적인
속성으로 여겨질 필요는 없지만 일반적으
로 강한 냄새들을 기술하기 위해 사용된다.

■ APPLE : 사과

Webster

다육질의, 대개 둥글고 붉은, 노란 또는 녹
색인 장미과(科) 나무의 식용 사과 열매.

Lenoir

이것은 갓 껍질 벗긴 사과에서 나는 과일
의, 효모의 냄새다. 사과와 커피는 공통 성
분이 많다 : 아세트알데히드, 핵산알, 헥사
노익산, 아세트산 부틸, 그리고 독특한 냄
새를 가진 기타 에스테르들.

Lingle

갓 볶고 분쇄된 커피의 프레이그런스에서
드물게 발견되는 아로마의 느낌. 마른 감귤
류의 특성을 가졌으며, 사과 껍질을 연상시
킨다.

■ APRICOT : 살구

Webster

온대 지방의 타원형 오렌지색 과일로, 동류
의 복숭아 그리고 자두와 풍미에서 닮았음.

Lenoir

이 강렬한, 농축된 그리고 명확한 냄새는
신선한 과일 그리고 살구 절임의 냄새다.
벤즈알데히드, 리날롤, 알파 테르피네올,
그리고 감마 락토르는 살구와 커피 모두에
공통된다.

Lingle

갓 볶고 분쇄된 커피의 프레이그런스에서
드물게 발견되는 아로마의 느낌. 마른 살구
를 연상시키는 독특한 과일 같은 특징을 가
졌다.

■ AROMA : 아로마

Webster

독특한 기분 좋은 향기.
- 어떤 향이나 냄새.
독특한 특성.

Lingle

추출된 커피에서 방출된 가스의 느낌으로,
킁킁거려서 코로 흡입된다.

Sivetz

커피의 특징적인 향을 가진 대개 휘발성의, 기분 좋은 냄새나는 물질들.
- 화학적으로, 그것들은 알데히드, 케톤, 에스테르, 휘발성 산, 페놀, 기타 등이다.

## Pangborn
음식의 프레이그런스 또는 향기로, 코로 들이마셔서 인지된다.
- 와인에서, 아로마는 다양한 포도에서 끌어낸 향기를 말하며, 예를 들면 머스캣 아로마.

## ■ AROMATIC : 아로마틱

### Webster
아로마의, 아로마와 관계된, 또는 아로마를 가진 ;
- 최소 하나의 벤젠고리가 존재하는, 그것과 관련된, 그것이 특징인, 대개 환상 탄화수소들 및 그 파생물들로 되어 있음.

### Nestle
그 본성 및 원산의 아로마 특성을 충분히 나타내는 커피를 의미한다.

### Pangborn
향기로운, 약간 쏘는 아로마를 가진, 대개 기분 좋은.

## ■ ASHY : 재 같은

### ICO
이 냄새 기술어는 재떨이 냄새, 흡연자의 손가락 또는 벽난로를 청소할 때 나는 냄새

의 기술어와 유사하다. 부정적인 속성으로 사용되지는 않는다. 일반적으로 말해서 이 기술어는 테이스터가 로스팅의 정도를 나타낼 때 쓰인다.

## ■ ASTRINGENT : 떫은, 수렴성의

### Webster
부드러운 유기 조직들을 찡그리게 할 수 있는, 예를 들어 수렴성 로션 또는 입을 오므리게 하는 과일들.
- 조직에 대한 수렴 효과를 연상시키는.

### Lingle
자극적인 맛(Sharp)과 관련된 커피의 2차적인 맛의 느낌.
- 대개 추출액 첫 모금을 마실 때 혀의 앞 가장자리에서 오므리게 하는, 짠 느낌으로 특징지어진다.
- 주로 짠맛 느낌의 조율 중에 인지된 짠맛을 증가시키는 산에 기인한다.
- 인도네시아 비수세식 로부스타 커피에서 전형적이다.

### Nestle
산은 수렴성을 야기하는 특성을 가진다.
- 커피에 관해서는, 수렴성은 바람직하지 않은 산성도와 동일시된다.

### Sivetz
입 오므리기, 그리고 쓴맛 인상을 야기하는 풍미.

### Pangborn

구강의 피부 표면을 수축시키기, 잡아당기기, 또는 오므리게 하기로 인한 복잡한 느낌들을 통해 인지되는 성질.
- 입안에서의 마른 느낌.

ICO
이 속성은 시종 입안이 마른 것 같은 뒷맛 느낌의 특성으로, 커피에서는 바람직하지 않다.

### ■ BAGGY : 헐렁한, 오래되어 변질된 약배전 커피 맛

Webster
헐거워진, 부푼, 또는 자루처럼 늘어진.

Lingle
약하게 로스팅 되고 부적합 조건에서 오랫동안 저장되어온 커피 컵에서 종종 관찰되는 이상한 맛.
- 기술의 결과로서 생기지 않을 듯한 특성.

### ■ BAKED : 누른내

Lingle
커피 추출액에 무미한 맛과 밋밋한 부케를 주는 맛과 향의 오점.
- 너무 적은 열로 너무 오랜 시간 로스팅 과정을 진행한 결과로, 캐러멜화 과정이 풍미 있는 화합물을 발전시키지 않는 화학적인 경로를 따르게 만든다.

CBC
로스팅 중 불충분한 열 투입률로 인한 콩의

저발현.

### ■ BAKEY : 베이키

Nestle
일반적으로 열 투입이 과도한 커피에서 너무 오래 구운 맛이 나는 불쾌한 특징.
- 강도의 순서 : 군내(cooked) - 누른내(bakey) - 탄내(burnt)

Pangborn
차 추출 음료에서 나는 불쾌한 맛으로, 대개 잎을 볶는 중 너무 높은 온도 때문에, 그리고/또는 수분을 너무 날려서 야기된다.

### ■ BALANCED : 균형감 있는

Webster
두 개의 대비되는 또는 반대되는 요소들 간의 균형.
- 요소들의 미학적으로 기분 좋은 통합.

Lingle
커피 추출액의 음료화 속성에 적용되는 감식가 용어로, 둘 또는 그 이상의 1차적인 맛 느낌의 기분 좋은 조합을 의미한다.

Nestle
균형 (잘)잡힌 커피는 모든 기본적인 특징들을 알맞은 정도까지 포함해야 한다.
- 동의어 : round(모가 안 난)

### ■ BASMATI RICE : 바스마티 쌀

Webster

남아시아 원산지로 재배되는, 향이 좋은 장립미.

## Lenoir

이것은 동남아시아 품종의 하나인 바스마티 같은, 군내 나는 쌀의 특징적인 냄새로, 거기에서는 '팝콘 쌀'로도 불린다. 이 냄새는 가열되면 터지는 부풀린 옥수수 낱알을 연상시키며, 아세틸-2-파이롤린으로 대표된다. 이것은 로스팅 초기에 경험되는 향이다.

## Lingle

맥아나 다른 곡물들이 가열될 때 당의 갈변화 초기에 생성되는 아로마의 느낌이다. 로스팅 과정 초기에서 지배적인 아로마가 땅콩보다는 팝콘 냄새를 더 연상시킬 때 가장 쉽게 인식된다.

## ■ BASIC TASTES : 기본 맛들

### Lingle

기본 맛들 - 단맛, 신맛, 짠맛, 그리고 쓴맛. 각각 아래 것들에 의해 특징지어진다.
자당 - 단맛
주석산 - 신맛
염화나트륨 - 짠맛
퀴닌 - 쓴맛

### Pangborn

단맛, 신맛, 짠맛, 그리고 쓴맛의 느낌들로 각각 자당, 주석산, 염화나트륨, 퀴닌에 의해 특징지어진다.

## ■ BEANY : 콩 냄새 나는

### Nestle

불충분하게 볶아져서 완전한 아로마를 발현할 수 없었던 커피 특유의 아로마.
- 동의어 : green(풋내나는)

## ■ BITTER : 쓴

### Webster

아주 아린, 수렴성의, 또는 홉 우린 차를 연상시키는 불쾌한 맛을 가진, 또는 그런 맛인.
- 네 가지 기본 맛의 느낌 중 하나다.

### Lingle

퀴닌, 카페인, 그리고 특정한 다른 알칼로이드 용액들로 특징지어지는 기본 맛.
- 주로 혀 뒤의 유곽 유두에 의해 지각된다.

### Nestle

- 일반적으로 커피의 정상적인 특성으로, 커피의 화학적인 구성과 관련됨.
- 로스팅 정도 그리고 음료의 준비 방법에 영향을 받는다.
- 카네포라는 아라비카 커피보다 더 쓰다.
- 어느 정도 수준에서는 훌륭한 특성.

### Pangborn

카페인, 퀴닌, 그리고 특정한 알칼로이드 용액으로 특징지어지는 기본 맛 중 하나.
- 주로 혀 뒤의 유곽 유두에 의해 인지된다.

### Sivetz

강한 맛, 불쾌한, 자극적인 맛.

- 얼얼한, 퀴닌 같은.
- 어떤 사람들은 산 맛의 인상을 받는 반면, 다른 사람들은 같은 커피에서 쓴맛을 인지한다.

### Smith
대개 오버 로스팅에 기인.

### ICO
카페인, 퀴닌 그리고 특정한 알칼로이드 용액으로 특징지어지는 1차적인 맛. 이 맛은 어느 정도까지는 바람직한 것으로 여겨지며, 로스팅 정도와 브루잉 절차에 영향을 받는다.

## ■ BLACK CURRANT STEM : 까막까치밥나무 줄기

### Lenoir
이것은 강하게 냄새나는 잎을 가진 까막까치밥나무 덤불에서 나는 신기하고 다소 생소한 냄새다. 커피에서 까막까치밥나무 줄기의 냄새는 메르캅토-3-메틸부틸-3-포름산염에 의해 만들어진다.

### Lingle
로스팅 중 콩 섬유질의 건류에 의해 생성되는 아로마의 느낌. 이 냄새는 수지질의 특성을 가졌고, 까막까치밥나무 덤불의 잎과 가지들을 연상시키는 독특한 송진내의 특성을 가졌다.

## ■ BLAND : 특징 없는 맛, 맹맹한 맛

### Webster
부드러움과 평온함이 특징인.
- 무딘, 무미한.

### Lingle
짠맛 나는 화합물의 존재와 관계되는 커피의 기본적인 맛의 느낌.
- 커피 속의 당이 염과 결합해서 추출액의 전체적인 짠맛을 줄일 때 생성된다.
- 대개는 해발 2,000피트 이하에서 자란 수세식 아라비카 커피에서 발견되며, 엘살바도르(low grown central)의 수세식 아라비카 커피가 그 예다.
- 특징 없는 커피 맛의 범위는 '부드러운 (soft)'부터 '매우 약한 맛(neutral)'까지이며, 혀의 측면에서 경험되는 맛 느낌이다.

### Nestle
뚜렷한 맛이나 향의 특성이 없는.

### Sivetz
매끄러운 그리고 풍미가 없는, 예를 들어 알칼리 물.

## ■ BODY : 바디

### Webster
점도, 밀도-특히 기름과 그리스에 사용됨;
- 풍미의 풍부함 - 음료에 사용됨.

### Lingle
음료의 물리적인 속성으로, 섭취 중 및 후에 입속 피부나 조직 위에서 인지되는 촉감을 야기함.

### Nestle

어느 정도의 밀도에 상응하는, 음료의 입안 촉감을 기술하기 위해 사용됨.
- 이 특성은 커피에서 추구된다.

## Pangborn

음식이나 음료의 질로, 그 밀도, 다짐도나 질감, 풍부함, 또는 풍성함에 다양하게 관계됨.

## Sivetz

맛의 느낌 또는 점성에 대한 입의 촉감 ;
- 보통 무거운, 숙성된 커피 풍미에 관련되나, 실제 점도의 증가는 결코 아님.

## Smith

묽은(thin)에 반대되는, 강하고 가득한 기분 좋은 특성이며, 반드시 산과 같이는 아님.

## ICO

이 속성은 음료의 물리적인 성질을 기술하기 위해 사용된다. 강하지만 기분 좋은 풍부한 입안 촉감의 특징으로 묽은 것과 반대된다.

## ■ BOUQUET : 부케

### Webster

미묘한 아로마 또는 특성.
- 와인의 독특한 프레이그런스.

### Lingle

커피 추출액의 전체 아로마 프로필.
- 후각 점막 위에서 가스와 증기의 느낌에 의해 생성된다.

- 추출액의 프레이그런스, 아로마, 노즈, 그리고 뒷맛 속에 존재하는 휘발성 유기화합물의 결과들이다.

## Pangborn

향수, 와인, 맥주 또는 증류주의 독특한 향.

## ■ BREW : 추출 음료

### Webster

담그기, 끓이기, 그리고 발효를 위해 준비된 음료.
또는, 우리기 그리고 발효로 준비된 음료.

### Lingle

볶고 분쇄된 커피콩을 물에 담가서 추출된 기체, 가용성 물질, 그리고 불용성 물질의 복잡한 혼합물.

### Nestle

알맞게 준비된 좋은 가정용 추출 음료의 (신선한)특유의 맛.

## ■ BRACKISH : 약간 짠 불쾌한 맛

### Webster

다소 짠.
- 맛없는

### Lingle

커피 추출액에 짜고 알칼리 느낌을 주는 맛의 결점.
- 추출액으로부터 물이 증발한 후 염과 알칼리 무기물의 농축된 결과로, 추출 후에 너무 과도한 가열 때문이다.

Pangborn

짠, 알칼리 맛, 염토에서 난 물맛 같은.

Sivetz

맛없는, 쓴, 짠, 일부 물에서 발생.

■ **BRINY : 짠맛, 소금물의**

Webster

소금물 혹은 바다의, 또는 그것과 비슷한.
- 짠.

Lingle

추출액에 짠 느낌을 주는 맛의 결점.
- 추출액에서 물의 증발 후 남는 소금 같은 무기물의 농축 결과로, 추출 후 과도한 가열 때문.
- 유기 분자가 짧은 탄소 고리 화합물로 깨져서 산성도의 증가로 비롯된 신맛의 증가와 결합됨.

■ **BURNT : 탄맛**

Nestle

(맛) 과도하게 볶아진 커피에 적용한다.
- 군내(Cooked).

Pangborn

연기의 또는 타르의 냄새 또는 풍미.
- 화덕내 나는.

Sivetz

탄 탄수화물, 단백질, 그리고 기름.
- 예를 들면 숯, 고기, 그리고 지방산.

Smith

얼얼한 - 쓴 숯 맛으로, 일반적으로 과도한 로스팅 때문.

ICO

탄/연기의 - 이 냄새 및 풍미 기술어는 탄 음식에서 발견되는 그것과 비슷하다. 그 냄새는 나무를 태울 때 나는 연기와 관련된다. 이 기술어는 보통 강배전된 또는 과배전된 커피에서 발견되는 로스팅의 정도를 가리키기 위해 테이스터에 의해 자주 사용된다.

■ **BUTTERY : 버터 같은**

Webster

버터의 성질, 밀도, 또는 모습을 가진.

Lenoir

신선한 버터 - 이 부드럽고, 크림 같은 냄새의 특징은 원산지에 따라 다르고, 그것의 재료인 우유의 주된 특성에 의해서 질이 높아진다. 신선한 버터와 신선한 헤이즐넛은 어떤 유사성을 갖는다. 부탄디온은 버터 특유의 아로마에 크게 기여한다. 이 분자는 또한 커피에서도 발견된다.

Lingle

커피 추출액 속에 부유하는 기름기 물질이 비교적 높은 정도임을 가리키는 입안 촉감 용어.
- 생두 속에 상당한 양의 지방이 들은 결과.
- 대개는 에스프레소 스타일 음료의 특징.

## ■ CARAMELIZED : 캐러멜화된

**Webster**

캐러멜로 변하다.

**Lingle**

만약 설탕이 융점 이상으로 가열되면, 수분이 유리되고 덩어리는 갈색으로 변하고 세칭 캐러멜을 형성한다.

- 탄소 화합물의 이러한 열분해와 충합은 적용되는 열의 정도에 따른 단계적인 과정이다.
- 그것은 궁극적으로 당 분자 셋의 응결과 물 분자 여덟의 소실로 끝난다.

**Nestle**

로스팅 전에 당, 덱스트린 시럽, 또는 당밀에 담가졌던 볶은 콩으로 얻어진 맛과 일치한다.

- 분무 - 건조된 인스턴트 커피에서 또한 인지된다.

**Pangborn**

당이 가열되거나 산으로 처리될 때 만들어진 색과 풍미.

- 그 효과는 저장 중에 당과 단백질 간에 전개되는 마이야르 반응과는 완전히 별개다.

**Sivetz**

탄 듯한 풍미, 캐러멜화된 설탕 같은.

- 만약 커피 풍미에 덧붙여진다면 가치 있는 맛의 느낌.
- 커피 풍미 나는 휘발성분의 손실은 캐러멜화된 풍미를 강화한다.

## ■ CARAMELLY : 캐러멜 향

**Webster**

캐러멜의, 또는 캐러멜에 관련된.

**Lenoir**

이 멋진 냄새는 캐러멜, 커피, 그릴로 구운 파인애플, 그리고 딸기를 떠올리게 하는데, 그것이 놀랍지 않은 이유는 이 네 가지 모두 퓨라네올을 함유하기 때문이다. 이 냄새는 가장 두드러진 특징의 하나로, 커피 아로마의 강력한 풍미 강화제이고 커피 아로마의 중요한 부분이다.

**Lingle**

대개 커피 추출액의 노즈에서 발견되는 아로마의 느낌.

- 커피가 삼켜질 때 방출되는 증기에서 발견되는 보통 휘발성의 당 카르보닐 화합물 세트에 의해 생성된다.
- 캔디나 시럽의 느낌을 연상시킴.

**ICO**

이 아로마 기술어는 태우지 않고 당을 갈변화할 때 생성되는 향과 풍미를 연상시킨다. 테이스터는 탄내를 기술하기 위해 이 속성을 사용하지 않도록 주의해야 한다.

## ■ CARBONY : 카르보닐

**Webster**

탄소질의 - 탄소가 풍부한.

**Lingle**

대개 강배전 추출액의 뒷맛에서 발견되는

아로마의 느낌.

- 커피 추출액이 삼켜진 뒤 방출되는 증기에서 발견되는 휘발성이 약한 일련의 복소 고리식 화합물에 의해 생성된다.

- 크레졸 같은 물질과 유사한 페놀 느낌 또는 탄 물질과 유사한 피리딘 느낌을 떠올리게 한다.

## ■ CAUSTIC : 가성의, 신랄한 맛

Webster

화학작용에 의해 파괴되거나 부식할 수 있는.

- 부식성의.
- 쏘는, 날카로운.

Lingle

시큼한 쓴맛(harsh)과 관련된 커피의 2차적인 맛의 느낌.

- 추출액이 처음 삼켜질 때 혀의 뒤 가장자리에서의 타는 듯한, 신 느낌이 특징이며, 추출액이 식으면서 매우 불쾌한 신 느낌으로 대체된다.

- 기본적인 맛의 조절에서 단맛을 대체하는 쓴맛에 기인하며, 생두 속 당의 소실 또는 결여 때문이다.

- 비수세식 리베리카 커피에서 전형적이다.

## ■ CEDAR : 향나무

Webster

소나무과(科)의 대체로 키 큰 침엽수의 한 속으로, 향기롭고 내구성 있는 나무로 잘

알려져 있다.

Lenoir

이 멋진, 신선한, 시골풍의 아로마는 방부 처리하지 않은 나무 냄새이며 연필 깎는 냄새와 거의 같다. 그것은 아틀라스 향나무의 천연 정유에서 전형적이다. 다 자란 나무를 수확할 때 더 확연하다.

Lingle

로스팅 중 콩 섬유질의 건류로 생성되는 아로마의 느낌. 이 특별한 냄새는 옷 수납장에 사용되는 보존 처리한 향나무를 연상시키는 따뜻하고 향신료 같은 특성을 갖고 있다.

## ■ CHEMICAL : 화학물질

Webster

화학물질에 의해 작용하는, 작동된 또는 만들어진.

Lenoir

medicinal 참조.

J. Aron

명백한 화학적인 풍미(예를 들면 폼알데히드/살충제)

- 리오 풍미와 혼동하지 말 것.

ICO

chemical/medicinal - 이 향기 기술어는 화학물질, 의약품 그리고 병원 냄새를 연상시킨다. 이 용어는 화학적 잔류물인 리오 풍미, 화학적인 잔류물을 가진 커피, 또는 많

은 양의 휘발성 물질을 만들어 내는 매우
향기로운 커피를 기술하는데 사용된다.

## ■ CHICORY : 치커리

### Webster
커피에 풍미를 내거나 섞음질을 하기 위해
사용되는 마른, 분쇄된, 볶은 치커리 뿌리.

### Lingle
마른, 분쇄된, 볶은 치커리 뿌리의 맛과 아
로마의 느낌.
- 마른 무화과 건포도를 연상시키는 단맛
  느낌과 유칼립투스 파생물과 유사한 의약
  품 느낌의 조합.
- 전체적인 풍미 느낌은 등급에 따라 변한
  다.
- 낮은 등급일수록 아주 쓴 경향.

### Nestle
이 식물의 뿌리의 복합적인 쓰고 시고 좀
달콤한 맛의 특성.

### Ukers
Cichorium intybus, 대략 3피트까지 자라는
다년생 식물.
- 식물의 날 뿌리는 얇은 조각으로 자르고,
  가마에서 말리고, 그리고 나서 커피와 같
  은 방식으로 볶아진다.
- 커피에서 첨가물 또는 여과제로 사용된다.

## ■ CHOCOLATY : 초콜릿 향

### Webster

초콜릿 - 볶아서 분쇄한 카카오 콩으로 만
든 제품의, 또는 그것과 관련된.

### Lenoir
다크 초콜릿 - 이것은 발효된, 볶은, 분쇄한
코코아 콩을 설탕과 섞은 초콜릿의 냄새다
(코코아는 그리 풍부하지 않은데, 그 지방
부분이 압착으로 추출되기 때문). 커피와
코코아에서 동일한 화합물이 많이 발견되
는데, 그것들의 아로마에 크게 기여하는 티
아졸 그리고 디메틸피라진 같은 것들이다.

### Lingle
대개 커피 추출액의 뒷맛에서 발견되는 아
로마 느낌.
- 커피 추출액이 삼켜진 뒤에 방출되는 증
  기에서 발견되는 보통의 휘발성을 가진
  일련의 피라진 화합물에 의해 생성된다.
- 설탕을 넣지 않은 초콜릿이나 바닐라를
  연상시킨다.

### ICO
초콜릿 같은 - 이 아로마 기술어는 코코아
가루 그리고 초콜릿의 아로마와 풍미(다크
초콜릿 및 밀크 초콜릿 포함)를 연상시킨
다. 때로 달콤하다고도 하는 아로마다.

## ■ CLEAN : 깨끗한

### Webster
오물과 오염이 없는.
- 감염 또는 질병이 없는.

### Lingle
풍미의 오점과 결점이 없는.

Nestle

어떤 이취도 없는.

**■ COARSE : 조악한**

Webster

거슬리는, 요란스러운, 또는 기질이 거친.

Lingle

rough를 참조하라.

J. aron

혀 위에서 거친 커피.

Pangborn

와인에서 거슬리는, 불쾌한 풍미를 나타내
는데 사용됨.

Smith

거친 거슬리는 풍미, 기교를 결여한.

**■ CLOVE : 정향나무**

Webster

도금양과(科) 열대 나무의 마른 꽃봉오리
로, 향신료로 사용되며 오일 원이다.

Lenoir

매우 맛깔스럽게 복합적인 이 향은 정향나
무, 아메리카 패랭이꽃, 약품 진열장, 바닐
라, 그리고 훈제 상품을 떠올리게 한다. 에
틸-4-과이어콜 냄새의 특징이며, 커피에서
매우 진하다. 커피에 깊이를 주는 섬세한,
향신료 같은 복합성으로 높이 평가받고 가
치를 인정받는다.

Lingle

콩 섬유질의 건류에 의해 생성되는 아로마
의 느낌. 이런 아로마 복합성은 정향나무
싹을 연상시키는 향신료 같은, 톡 쏘는 특
징을 갖는다.

**■ COFFEE BLOSSOM : 커피 꽃**

Lenoir

이것은 사랑스러운 흰 커피 꽃의 달콤한 향
기로, 17세기에는 그 꽃이 아라비아 재스민
이라 불리곤 했는데, 두 식물이 매우 비슷
하기 때문이다. 아라비아 재스민보다 더 과
일 같고 더 향이 강한 말리(茉莉)의 정유는,
커피에서 이런 발랄한 느낌을 우리에게 준
다.

Lingle

갓 볶고 분쇄된 커피의 프레이그런스에서
발견되는 향기로운 냄새. 재스민의 특징인
독특한 달콤함을 가졌다.

**■ COFFEE PULP : 커피 과육**

Lenoir

이것은 커피 체리가 과육에서 분리될 때 발
산하는 냄새다. 과육은 발효에 의해서 체리
로부터 분리된다 : 콩은 불려지고, 발효되
며, 와인 같다 할 수 있는 이 특징적인 냄새
를 주는 휘발성 산을 방출한다. 커피 속의
메틸-2 및 메틸-3 낙산이 이 냄새의 원인이
다.

Lingle

생두에서도 원두에서도 발견되는 아로마

느낌으로, 정제 과정 중의 과발효를 시사한다. 약간 신맛 경향을 지닌 과일 같은 특성을 가진다.

갓 분쇄된 커피의 프레이그런스에서 발견되는 아로마 느낌으로, 때로 꽃 같은 특성과 동반.

### ■ COMMON : 평범한

Webster
보통 수준을 밑도는.
- 2류.

Nestle
평범한 평균 품질의 커피.
- 좋지 못한 것에 가깝다.

### ■ COOKED : 군내

Webster
가열 과정에 놓였던.

Nestle
너무 높은 온도에서 처리된 인스턴트 커피의 전형적인 맛.

### ■ CORIANDER SEED : 고수씨앗

Webster
양념으로 쓰이는 고수의 숙성된 마른 열매.

Lenoir
이것은 마른 고수씨의 냄새로, 머스캣 포도와 자단에서 발견되는 꽃 같은 느낌으로 구성되어 있다. 이 특징은 리날롤에 의해 부여되는데, 고수씨에서 두드러지고, 커피에서도 또한 뚜렷하다.

Lingle

### ■ CREAMY : 크림 같은

Webster
크림 같은 밀도.
- 유상의.

Lingle
커피 음료 속에 부유하는 꽤 높은 수준의 기름기 물질에 기인한 커피 입안 촉감 느낌.
- 생두 콩 속에 든 확연한 양의 지방의 결과.

Pangborn
지방이나 크림 유제의 매끄럽고 기름기 있는 밀도와 유사한 액체 및 반고체의 조직 특성.
- 명백한 지방 함량 또는 풍부함과 관계된 크림 같은 풍미.

### ■ CREOSOTY : 타르 맛

Webster
크레오소트 - 나무 타르, 특히 너도밤나무의 건류로 얻어지는 페놀 화합물의 맑은 혹은 누르스름한 유성 혼합물.
- 석탄 타르의 건류로 얻어지는 방향성 탄화수소로 주로 이루어져 있고 특히 나무 방부제로 쓰이는 갈색을 띠는 유성 액체.

Lingle

톡 쏘는 맛(pungent)에 관련되는 커피의 2차 맛 느낌.

- 추출액 첫 모금을 마실 때 혀의 뒤에서의 쓴, 특히 긁는 느낌이 특징이며, 추출액을 삼켰을 때 강한 뒷맛 느낌이 뒤따른다.
- 높아진 로스팅 온도에서 파리딘 화합물에서 나는 탄 느낌, 그리고 콩 섬유질의 건류로 생성된 페놀 화합물로부터 나는 오일 같은 느낌의 혼합에 기인한다.
- 강배전 커피에서 전형적인 맛 느낌.

## ■ CUCUMBER : 오이

### Webster

정원 채소로 재배되는 지상과(科) 덩굴식물의 열매.

### Lenoir

이것은 단단한, 오독오독한 오이의 냄새다. Trans-2-Nonenal이 신선하고, 높은 품질의 아로마를 준다. 지배적이진 않지만, 매우 특징적이다. 활기 있고 신선한데, 그럼에도 불구하고, 좀 묵은 수확물에서 더 나무 같은 톤의 전제로서 나타난다.

### Lingle

풀의, 콩의 특성을 가진 아로마의 느낌으로, 신선한 오이를 연상시킨다.

## ■ DECAFFEINATED TASTES : 디카페인 맛

### Lingle

디카페인 커피에 사용되는 처리 과정에서

비롯되는 맛의 느낌.

세 가지 다른 요인들의 결과.

1. 통상 로스팅의 열분해 단계 중 촉매로서 작용하는 카페인의 부재가, 캐러멜화 과정이 다른 화학적 경로를 취하도록 해서, 다른 맛을 내는 화합물들을 생성한다.

2. 처리 과정에서 카페인뿐 아니라 풍미 화합물들도 제거되고 대체되지 않아서, 보통의(디카페인 처리를 하지 않은) 커피에 정상적으로 존재하는 맛의 느낌을 없어지게 한다.

3. 커피콩 속에 남은 많은 디카페인 용액의 자취로, 로스팅 과정 중에 자연 발생 화합물들과 결합해서 디카페인 커피에 특유한 맛의 느낌을 형성한다.

### Nestle

특별한 처리 과정 맛으로, 카페인을 제거한 커피에서 흔히 발견됨.

- 뭔가가 결여되었기 때문이기도 하고, 또는 부가적인 풍미 때문이기도 함.

## ■ DELICATE : 섬세한 단맛

### Webster

맛과 향의 느낌이 기분 좋은, 특히 부드러운 또는 미묘한 쪽으로.

### Lingle

부드러운 단맛(mellow)과 관련된 커피의 2차 맛의 느낌.

- 추출액 첫 모금을 마실 때 혀끝 바로 지난

곳에서 섬세한 달고 - 미묘한 느낌이 특징으로, 추출액이 식으면서 달콤한 느낌으로 대체된다.
- 아직 단것을 만들어 맛에 더할 수 있는 당과 염의 최소한의 조합에 기인.
- 다른 맛의 느낌들에 의해 쉽게 깨지는 조율.
- 뉴기니아의 수세식 아라비카 커피에서 전형적.

■ **DIRTY : 더러운**

Webster
earthy를 참조
오물의 존재 사실을 강조한다.

Lingle
earthy를 참조.

Sivetz
커피 풍미의 바탕을 지배하는 달갑지 않은 모호한 맛.
- 별칭은 foreign.

J. Aron
- 문자 그대로, 더러운 풍미 : earthy. musty 가 아님

■ **DULL : 둔한, 흐릿한**

Webster
타고난 또는 평소의 민첩성, 열정, 또는 신랄함의 상실.

Lingle

natural을 참조.

Nestle
원만한 인상을 주지만 동시에 특징이 없다면 흐릿한 커피다.
- Dull은 flat과 거의 같은 의미.

■ **EARTHY : 흙내**

Webster
흙으로 되어 있는, (풍미에서)흙과 유사한.

Lenoir
이것은 갓 파낸 땅, 폭풍 후 흙의 특징이며, 비트 뿌리와는 다르다. 대기 중 어디에나 존재하는 지오스민(geosmin)이 이런 특성의 원인이다. 이것은 커피의 주요한 아로마의 특징으로 정제 중 건조 방법에 관련되며, 건조를 위해 흙 위에 펼쳐지는 체리가 흙 속의 지오스민을 흡수한다.

Lingle
커피에서 향의 오점의 하나로, 흙 같은 뒷맛 느낌을 만들어낸다.
- 수확 중 건조 과정 동안 생두 속의 지방이 땅으로부터 유기물을 흡수할 때 그렇게 된다.
- 또한 dirty 그리고/또는 groundy에 관계된다.

Nestle
갓 뒤집힌 흙의 달갑지 않은 냄새와 맛으로, 저급한 재료에서 발견됨.
- 열악한 준비 조건 그리고 커피 생두의 식물학적인 원천에 기인한다.

- 인스턴트 커피에서 발견되는 감자의 풍미를 연상시킨다.

### Sivetz
바람직하지 않은 맛 또는 냄새로, 갓 뒤집은 땅의 냄새와 비슷함.
- 대개 곰팡이 때문.

### Pangborn
땅이나 흙의 냄새를 가진.

### Smith
손상된 커피를 저장한 후의 토양의, 젖은 흙의 풍미.

### ICO
신선한 땅, 젖은 흙 또는 부식토의 특징적인 냄새. 때로는 곰팡이와 관련되고, 날 감자의 풍미를 연상시키며, 커피에서 인지되면 바람직하지 않은 풍미로 간주된다.

## ■ FERMENTED : 발효된

### Webster
유기 물질의 작용에 의해 화학적으로 변형된.

### Lingle
커피콩에서의 맛의 결점으로, 혀 위에서 매우 불쾌한 신 느낌을 만듦.
- 커피 생두 속에서의 효소 활동의 결과로, 수확 중 세척 과정에서 당을 산으로 변화시킴.

### J. Aron
커피 체리 또는 수세식 정제 과정 중 제거된 과육/스킨이 발효되는(썩는) 냄새 또는 맛.

### Sivetz
가공되지 않은 당분 또는 단백질 위에서 효모 또는 효소에 기인해서 일어나는 화학적인 변화들.
- 알데히드가 당분을 발효시켜 알코올이나 식초가 되게, 단백질을 아미노산이 되게 하는 것 같은.
- 확연한 발효된 풍미는 바람직하지 않다.

## ■ FINE CUP : 좋은 품질의 커피

### J. Aron
좋고, 긍정적인 특징을 지닌 커피.

### Smith
산, 바디 등과 같은 뚜렷한 품질 특성을 가진 커피.

## ■ FLAT 밋밋한, 향이 없는

### Webster
풍미가 없는 : 무미한(insipid)

### Lingle
커피 부케의 정량적인 기술.
- 평가되는 커피의 프레이그런스, 아로마, 노즈 그리고 뒷맛 속에 일련의 가스와 증기가 적게 존재함을 의미함.
- 증기와 가스가 경미하게 인지할 정도의 강도로 존재함을 나타냄.
- 방향족 화합물이 로스팅 후 선도 저하 과

정의 일부로서 콩에서 사라지거나, 추출
후 유지 과정의 일부로서 추출액에서 사
라진 결과.
- 향의 오점.

Nestle
맛과 밀도에서 특징이 없음을 나타내는 부
정적인 표현.

Pangborn
풍미가 적거나 없음.
- 탄산 염화작용의 상실.

Smith
산도가 조금도 없는 활기 없는 커피.

## ■ FLAVORY : 풍미가 풍부한

Webster
풍미 있는 - 풍미가 가득한 ; 맛 좋은.

J. Aron
좋은, 긍정적인, 진짜 커피 풍미.

## ■ FOREIGN TASTE : 이질적인 맛

Webster
이질적인 - 비정상적인 상황에서 일어나는
그리고 대개 외부로부터 전해진.

Lingle
생두 또는 커피 추출액의 외부 감염에 기인
한 맛의 결점.
- 대개 클로린 같은 불쾌한 화학적인 맛 느
  낌, 또는 철분에 오염된 물 같은 불쾌한
  금속의 느낌이 특징.

Nestle
일반적으로 오염으로부터 오는 많은 불완
전한 풍미를 망라하는 용어.
- 예를 들면 고무 같은 또는 곰팡내 나는,
  기타.

Sivetz
이질적인 - 커피 풍미의 배경을 지배하는
바람직하지 않은 모호한 맛.
- 별칭은 dirty

Pangborn
이질적인 풍미 - 통상 그 제품과는 무관한
풍미를 포함한.

## ■ FOUL : 악취 나는, 역겨운

Webster
- 냄새나고 불결한.

J. Aron
맛이 고약한, 강한, 발효된 풍미.
- 또는 또 다른 강한, 불쾌한 결함 있는 풍
  미, 예를 들면 hidy 또는 oniony

## ■ FRAGRANCE : 프레이그런스

Webster
달콤한 또는 은은한 향을 가진 성질 또는
그 상태.
- 프레이그런스는 꽃 또는 다른 생장하는
  것의 향을 암시한다.

Lingle
코를 킁킁거려 방향족 화합물이 들이마셔

질 때, 볶고 분쇄된 커피콩에서 나온 가스의 느낌.
- 범주는 달콤한 꽃 향부터 달콤한 향신료 향까지.

### ■ FRESH 신선한

#### Webster
손상되지 않은 본래 특성을 가진.
- 상하거나, 시거나, 부패하지 않은.

#### Lingle
커피콩이나 커피 추출액에서의 매우 기분 좋은 향기로운 하이라이트.
- 특히 황을 함유하는 고휘발성 유기 화합물의 결과로, 후각 점막에서 강한 느낌을 일으킴.

#### Nestle
갓 수확되고 볶아져 풍미가 특히 선명한 커피에 적용되는, 긍정적인 관능 특질.

### ■ FRUITY : 과일 같은

#### Webster
과일과 관계되는, 또는 유사한.

#### Lingle
대개 커피 추출액의 컵 아로마에서 발견되는 향기로운 느낌.
- 커피 추출의 상승한 온도에서 가스가 되는 일련의 고휘발성 알데히드 및 에스테르에 의해 생성됨.
- 감귤 열매를 연상시키는 달콤한 느낌 또는 베리 열매를 연상시키는 마른 느낌으로도 알려져 있다.

#### Pangborn
과일 같은 풍미 - 향기로운 또는 과일 같은 풍미.

#### Smith
체리 안에 너무 오래 남은 커피에서 일반적인 강렬한 난숙의 특징.

#### ICO
과일 같은/감귤류 과일 - 이 아로마는 과일의 향과 맛을 연상시킨다. 베리의 천연 아로마는 이런 특성과 매우 관계가 있다. 어떤 커피에서 높은 산성도를 인지하는 것은 감귤류 특성과 상호관계가 있다. 테이스터는 이 속성을 미숙 또는 난숙 과일의 아로마를 기술하는 데 사용하지 않도록 주의해야 한다.

### ■ FULL : 향이 풍부한

#### Webster
가능한 범위에서 또는 정상적으로 많이 함유한.
- 구별되는 모든 특징을 가진.
- 풍부함을 지닌 또는 함유한.

#### Lingle
커피 부케의 정량적인 기술.
- 평가받는 커피의 프레이그런스, 아로마, 노즈, 그리고 뒷맛 속에 완전한 세트의 가스와 증기가 존재함을 의미한다.

- 가스와 증기가 꽤 현저한 강도로 존재함
  을 나타낸다.

Nestle

가득하고 균형 잡힌 맛을 나타낸다.

Smith

산 그리고 바디 같은 좋은 특징 앞에 붙이
는 말로, 강한 개성을 나타내려는 것.


■ **GARDEN PEAS : 완두콩**

Webster

콩과의 변이성 1년생 유라시안 덩굴식물로
등긋하고 매끄러운 식용 단백질이 풍부한
씨앗 때문에 가까이에 재배된다.

Lenoir

이것은 갓 껍질을 벗긴 어린 완두콩 그리고
그 매혹적인 녹색의 열린 꼬투리의 냄새.
메티옥시-2-이소프로필-3-피라신은 완두콩
과 커피 생두 속에 있는 이 채소의, 축축한
땅 냄새를 부여한다. 그것은 언제나 생두
또는 약배전 커피에서 발견되는데, 그러나
콩이 오래 로스팅 될수록, 더 약해진다.

Lingle

생두와 약배전 커피에 공통되는 아로마의
느낌으로, 완두콩을 연상시키는 허브의, 콩
의 특성을 갖는다.

■ **GOOD CUP QUALITY : 훌륭한 품질의 커피**

J. Aron

훌륭한, 긍정적인 전반적인 특징을 가진 커
피.

■ **GRADY : 불결한 풍미**

J. Aron

불결함의 배경 풍미, 그러나 불결하다고 한
정하지는 않음.
- 대개 미국에서 사용된다.

■ **GRASSY : 풀 냄새**

Webster

잔디의 냄새나 풍미로 이뤄진, 또는 그것을
가진.

Lingle

커피콩에 뚜렷한 허브의 특성을 주는 향과
맛 모두의 결점으로, 푸른 잔디의 떫은맛과
결합된 갓 벤 알파파 냄새와 유사하다.
- 체리가 익는 동안 생두 속에서 질소 함유
  화합물이 두드러져서 생성된다.

Nestle

미숙두 그리고 갓 수확한 일부 커피 배치의
전형적인 맛으로, 수확 초기에 해당한다.

Sivetz

뉴크롭 커피의 이른 채취에서 종종 발견되
는 풍미이며, 미성숙두가 원인이다.
- 새로 벤 건초나 싱싱한 풀처럼 강렬한, 신
  선한 푸르름을 연상시킨다.

Pangborn

푸른 풀의 쓴맛이나 떫은맛을 연상시키는

풍미 결점.

**Smith**

푸르스름한 풀 같은, 또는 푸르스름한 풍미로, 특히 미성숙 상태로 채취된 아라비카 커피의 초기 수확물에서 강함.

**ICO**

Grassy/green/herbal - 이 아로마 기술어는 세 용어들을 포함하며, 그것들은 갓 벤 풀, 신선한 풀이나 허브, 푸른 나뭇잎, 생두나 미숙 과일을 연상시킨다.

■ **GREEN : 풋내나는, 덜익은**

**Webster**

충분히 가공되거나 처리되지 않은.

**Lingle**

로스팅 과정 중 당 탄소 화합물의 불완전한 발현 때문에 커피 추출액에 허브의 특성을 주는 맛의 오점.
- 너무 단시간에 불충분한 가열의 결과.

**Sivetz**

덜 볶아진 콩, 커피 풍미들을 완전히 발현하지 못하는.
- 좀 풀 같은. 녹색 콩(green beans)에 의해 주어지는 시큼한 풍미, 다 자라지 못한.
- 풀내(grassiness)와 구별하라.

**J. Aron**

날 채소의 잎과 관련된 듯한 맛, 종종 이른 뉴크롭 커피에서 발견됨.
- 맛이 덜 확연할 땐 약간 덜 익은 greenish

이라고도 한다.

**ICO**

Grassy/green/herbal - 이 아로마 기술어는 갓 벤 잔디, 신선한 푸른 풀이나 허브, 무성한 푸른 잎, 생두나 미숙 열매를 연상시키는 냄새와 관련된 세 용어들을 포함한다.

■ **GROUNDY : 흙내**

**Lingle**

earthy를 참조.

**Neastle**

흙 같은 맛.
- 곰팡내(mustiness)와는 다르다.

**Ukers**

종종 손상된 커피에서 발견되는 흙 맛.

■ **HARD : 쏘는 신맛**

**Webster**

거슬리는 또는 산 맛을 가진.

**Lingle**

시큼한 맛(soury)에 관련된 커피의 2차 맛 느낌.
- 대개 추출액을 처음 마실 때 혀의 뒤 가장자리에서 쏘는 듯한 신맛 느낌이 특징으로, 추출액이 식으면서 지배적인 신맛 느낌으로 대체된다.
- 보통 이상 비율인 신맛, 산이 보통 이하 비율의 당이나 염과 결합해서 신맛 느낌을 조율(약하게)하는 것에 기인한다.

- 브라질 미나스의 비수세식 커피에서 전형
  적이다.

### Nestle
구개에 뒤섞인 느낌을 주는 커피 ;
쓴맛 또는 떫은맛은 바디의 둥긋함으로 감
싸지지 않는다.
- 쏘는 신맛의 커피는 균형감이 약하다 ; 맨
  끝에 아릴 수 있다.
용어는 부드러운 soft의 반의어로 브라질
커피에 사용되며, 정도의 문제로서 커피 순
위의 품질을 나타낸다. strictly soft, softish,
softish/hardish, hardish, hard, Rioy.

### J. Aron
특별히 브라질에 관련됨.
- 뚜렷한 거칠고 불쾌한 쓴맛, 때로 리오 맛
  과 아주 가까운 bricky라고도 하지만, 리
  오 풍미는 없는.
- 때로 신랄하다(edgy)라고도 한다.

## ■ HARSH 시큼한 쓴맛

### Webster
쓴맛 나는 화합물의 존재와 관련된, 커피의
기본 맛 느낌.

### Lingle
- 산이 쓴맛 나는 화합물과 결합해서 추출
  액의 전체적인 쓴맛을 증가시킬 때 생성
  된다.
- 대개 리베리카나 엑셀사처럼 상업적인 목
  적에 부적합한 커피 종에서 주로 발견된

다.
- 시큼한 쓴맛 커피의 범주는 신랄한 맛
  (caustic)부터 약품 맛(medicinal)까지로,
  혀의 뒤에서 경험되는 맛의 느낌이다.

### Nestle
동시에 쓴, 떫은, 거친, 불쾌한 느낌이다.
- 특히 품질이 낮은 로부스타 커피에서 발
  견되며, 보통 불완전두 때문이다.

### CBC
특정한 커피 풍미를 기술하기 위해 사용되
는 용어.

### Siveth
불쾌하게 날카로운, 거친 또는 자극하는,
예를 들면 브라질의 파라나 커피.

### Pangborn
조화나 매끄러움을 결여한.
거슬리는, 조악한, 거친, 불쾌한, 조화를 이
루지 못하는, 떫은.

### Ukers
특정한 품질의 커피 풍미를 기술하기 위해
사용되는 용어.
- 리오 그리고 유사한 풍미가 있는 커피는
  일반적으로 harsh라고 기술된다.

### Smith
쏘는, 거친, 때로 신랄한 풍미는 종종 Rioy
로 기술된다.

## ■ HAZELNUT : 헤이즐넛, 개암

### Webster

어떤 관목속(屬)의 견과 또는 잎이 무성한 총포에 둘러싸인 견과를 맺는 자작나무과 (科)의 작은 나무.

### Lenoir
볶은 헤이즐넛 - 굉장히 섬세한 이 향은 볶은 헤이즐넛의 달콤한, 버터 같은 아로마로 아주 매력적이고 은은하다. 어느 정도의 케톤, 락톤, 피라진, 타이아졸, 티오펜 그리고 옥사졸은 커피에서도 헤이즐넛에서도 중요하다.

### Lingle
헤이즐넛의 - 로스팅 과정 중 생성되는 아로마 느낌으로, 캐러멜화된 당분을 개암나무 반죽을 연상시키는 너트 같은 아로마와 결합시킨다.

### ■ HEAVY : 무거운

### Webster
높은 비중을 가진.

### Lingle
커피의 바디를 기술하는 입안 촉감 용어.
- 커피 음료 안에 꽤 높은 수준의 고형물이 부유하고 있음을 말한다.
- 콩 섬유질의 미세 입자와 불용성 단백질이 현저한 양으로 존재함.

### ■ HERBY : 허브 같은

### Webster
허브의, 허브에 관련된, 허브로 만든.

### Lingle
대개 커피 추출액의 컵 아로마에서 발견되는 아로마의 느낌.
- 높은 커피 추출 온도에서 가스가 되는 고휘발성 알데히드 및 에스테르 세트에 의해 생성된다 ;
- 향기로운 채소(양파)를 연상시키는 파속 (屬) 유형의 느낌이기도 하고, 녹색 채소 (완두)를 연상시키는 콩과(科) 식물 유형의 느낌을 의미한다.

### Pangborn
허브의 풍미나 냄새와 관계된, 또는 닮은.

### ICO
Grassy/green/herbal - 이 아로마 기술어는 세 용어를 포함하며, 그것들은 갓 벤 잔디, 신선한 녹색 풀이나 허브, 녹색 잎, 생두나 덜 익은 과일을 연상시키는 향과 관련된다.

### ■ HIDY : 가죽내

### Lingle
커피콩에 수지와 가죽 같은 냄새를 주는 냄새 결점.
- 커피콩 속 지방의 분해의 결과로, 수확 중 건조 과정에서 과도한 열량이 가해졌기 때문이다.
- 대개 기계 건조기로 말린 커피에 관계된다.

### Nestle
가죽 같은 냄새가 나는 커피.
- 가죽과의 접촉에서 생길 수 있는 냄새.

CBC
가죽 같은 냄새가 나는 커피.
- 가죽과의 접촉에서 날 수 있는 냄새.

Ukers
내추럴 커피(naturals)생산을 위한 베리의
건조 중 과열된 커피.
- 때로는 수세식 커피에서 발생하지만 드물
  다.

■ HONEY : 꿀

Webster
여러 가지 벌의 꿀주머니 안에서 꽃의 과즙
으로부터 정교하게 만들어진 달콤한 점성
물질.

Lenoir
이 느낌은 꽃 향 나는 꿀을 상기시킨다. 또
한, 밀랍, 생강과자, 누가 그리고 어떤 유형
의 담배를 생각나게 한다. 커피 속에 고립
된 페닐에틸 알데히드가 이 냄새를 명백하
게 환기시킨다.

Lingle
로스팅 과정 중 당의 캐러멜화에 관계된 아
로마의 느낌. 이 향은 단지 시럽이 아니라
꽃 느낌을 연상시킨다.

■ HYDROLYZED : 가수분해 처리 맛

Webster
가수분해를 거치는 것.

Lenoir
대개 인스턴트 커피와 관련된 처리 과정의

맛의 결점.
- 추출 중 가용성 커피 물질의 과추출이 주
  요 원인이다.
- 풍미 있는 유기 화합물로부터 물 분자가
  떨어져 나와서, 보통은 물에 녹지 않는 커
  피 속의 다른 성분들을 추출할 수 있게 하
  는 것.

Nestle
처리 과정에 기인한 달갑지 않은 산성도를
가진 전통적인 타입의 인스턴트 커피를 말
함.
- 일반적으로 과추출과 관계됨.

■ INSIPID : 무미한

Webster
맛이나 특성이 없는.

Lingle
커피 추출액에 맥 빠진 특성을 주는 맛의
오점.
- 로스팅 후 산패 과정 중 커피콩 속의 유기
  물질의 소실이 원인.
- 추출 전에 산소와 습기가 콩 섬유질에 침
  투한 결과.

■ INSTANT : 즉석의

Webster
물에서 바로 녹는.

Lingle
가용성 커피에 특유한 맛의 오점.

캐러멜화된 화합물의 우세와 휘발성 유기 화합물의 부재가 특징으로, 전체적인 부케가 상당히 감소한다.

### Nestle
느낄 수 있는 특징이 거의 없으며, 집에서 내린 커피의 전형.

### Sivetz
푸르푸랄 그리고 가수분해 다공 물질로 특징지어진다.
- 아주 높은 수준에서 내린 커피에서는 통상 발견되지 않는 비휘발성 화합물.

■ **LEATHER : 가죽**

### Webster
쓰기 위해 손질된 동물의 피부.

### Lenoir
이것은 잘 무두질된 가죽의 강렬한 동물 냄새다. 커피에서 가죽 냄새는 아주 오래된 책을 묶고 있는, 강한 밀랍 냄새를 풍기는 두꺼운 가죽을 연상케 한다.

### Lingle
커피콩에 수지 같은 냄새를 부여하는 향의 오점으로, 강렬하고 신선할 때는 hidy라고도 한다. 보통 부적절한 건조와 관계가 있다.

■ **LEMON : 레몬**

### Webster
씨가 많고 타원형인 연노란색의 신맛 나는

과일로, 가시가 있는 작은 나무에서 열림.

### Lenoir
이것은 신선한, 생생한, 기분을 상쾌하게 하는 레몬 껍질의 냄새로, 보통 과일의 산성도와 관계된다. 탄화수소와 테르펜 알데히드로 구성된 레몬 진액이 특징으로, 껍질 냉압착 또는 건류로 만든다.

### Lingle
커피 프레이그런스에서 자주 발견되는 향기로운 냄새로, 신선한 레몬 껍질에서 뽑아낸 오일을 연상시킨다.

■ **LIGHT : 가벼운**

### Webster
규모에 비례하여 상대적으로 무게가 적은.

### Lingle
커피의 바디를 기술하는 입안 촉감 용어.
- 커피 음료 속에 부유하는 고형 물질이 다소 낮은 수준임.
- 콩 섬유질의 미세 입자와 불용성 단백질의 양이 인지할 만큼 들었을 때의 결과.
- 대개 낮은 커피-물 비율과 관계가 있음.

■ **LIQUORICE : 감초**

### Webster
유럽의 콩과(科) 식물의 마른 뿌리로 약품, 술, 그리고 과자류를 만드는 데 쓰인다.

### Lenoir
달지만 매우 쏘는 이 냄새는 부드러운 황설

탕과 메이플 시럽을 연상시킨다. 보통 감초 사탕 종류에서 발견된다. 달콤함은 시클로 틴에서 나오며, 아로마 느낌의 품질을 증가 시킨다.

### Lingle
캔디 같은 아로마 느낌으로, 가지각색의 많은 상품의 제조에 쓰이는 감초 뿌리 추출 음료의 아로마가 특징.

## ■ MALTY : 맥아의

### Webster
물에서 부드러워지고 양조나 증류에 사용 되는 곡식의, 또는 그것과 관련된.

### Lenoir
맥아 - 이것은 구운 맥아의 냄새로, 그것이 비롯된 보리의 곡물 냄새와는 전혀 다르다. 캐러멜 냄새가 나는 말톨은 이소부틸 알데 히드와 함께 맥아와 커피 모두에 공통적인 화합물이다.

### Lingle
대개 커피 추출액의 노즈에서 발견되는 아로마의 느낌
- 커피 추출액을 삼킬 때 증기 속에서 발견 되는 고휘발성 알데히드와 케톤에 의해 생성된다.

### Pangborn
맥아를 떠올리게 하는, 그리고 때로는 그레 이프 너츠(시리얼), 호두, 또는 메이플의 풍 미와 유사한 풍미 결점.

### ICO
Cereal/malty/toast-like - 이 기술어들은 곡물, 맥아, 그리고 토스트 특유의 아로마를 포함한다. 그것은 조리하지 않은 또는 볶은 곡식(볶은 옥수수, 보리, 또는 밀을 포함), 맥아 추출 음료의 아로마와 풍미, 그리고 갓 구운 빵과 갓 만든 토스트의 아로마와 풍미 같은 냄새를 포함한다. 이 기술어는 곡식 같은 아로마라는 공통점을 가진다. 이 기술어 속 아로마들은 테이스터들이 각각 의 표준을 평가할 때 이 용어들을 호환 가 능하게 사용한 이후로 함께 그룹화되었다.

## ■ MEDICINAL : 약의, 약효가 있는

### Webster
질병 치료나 고통 경감 성향이 있는, 또는 그것에 사용되는.

### Lenoir
약 - 이 달콤한 타는 냄새는 연기, 약 그리고 화합물의 맛을 떠올리게 하며, 흔히 리오 맛 이라고 불리는 것과 자주 관련된다. 과이어 콜, 유리된 커피가 이런 냄새를 낸다.

### Lingle
시큼한 쓴맛(harsh)에 관련된 커피의 2차 맛 느낌.
- 추출액을 처음 마실 때 혀 뒤의 가장자리 에서 찌르는 듯한 신맛 느낌이 특징으로, 추출액이 식으면서 요오드를 연상시키는 화학약품 느낌으로 바뀐다.
- 알칼로이드가 단맛에 대한 어떤 조율도

없이 산의 신맛을 증가시키는데 기인한
다.
- 브라질 리오 커피처럼 체리가 박테리아
감염을 진전시키는 내추럴 가공된 커피에
서 전형적이다.

### Pangborn
약품 같은 풍미나 냄새(보통은 불쾌한)를
의미하는 후각작용의 그리고/또는 미각작
용의 느낌.
- 소독약, 염소, 요오드, 또는 어떤 페놀 화
합물의 냄새와 맛.

### ICO
Chemical/Medicinal - 이 냄새 기술어는 화
학약품, 의약품, 그리고 병원 냄새를 연상
시킨다. 이 용어는 리오 풍미, 화학적인 잔
류물 같은 아로마를 가진 커피, 또는 많은
양의 휘발물을 만들어 내는 매우 향기로운
커피를 기술하기 위해 사용된다.

### ■ MELLOW : 부드러운 단맛

### Webster
숙성되어서 부드럽고 달콤한.
- 잘 익은 그리고 유쾌하게 순한.

### Lingle
단맛 나는 화합물의 존재와 관련된 커피의
기본적인 맛 느낌.
- 커피 속의 염이 당과 결합해서 추출액의
전체적인 단맛을 증가시키면서 생성된다.
- 대개 고도 4,000피트 이하에서 자란 수세
식 아라비카 커피에서 발견된다.

- 부드러운 단맛 커피의 범위는 혀끝에서
경험되는 산뜻한 단맛(mild)부터 섬세한
단맛(delicate)까지의 맛의 느낌이다.

### Nestle
바디에서의 조화로운 균형을 나타낸다.
너무 시지 않은, 너무 쓰지 않은, 그러나 농
밀하고 풍부한.
- 동의어 : round

### Smith
아우르는 부드러운 맛이지만 산도는 없는.

### ■ MILD : 산뜻한 단맛

### Webster
행동 또는 효과가 온건한.
- 동의어 : soft

### Lingle
부드러운 단맛(mellow)에 관련된 커피의 2
차적인 맛의 느낌.
- 추출액을 처음 마셨을 때 혀끝 바로 지나
서의 특히 달콤한 얼얼함이 특징이며, 추
출액이 식으면서 달콤한 느낌으로 대체된
다 ; 단맛과 짠맛이 모두 나는 고농축 화
합물들의 맛의 조율로 생긴다.
- 과테말라의 수세식 아라비카 커피에서 전
형적이다.

### Nestle
- 수세식 아라비카 그리고 최고의 브라질
커피에서 전형적인 부드러운 맛.
- 동의어 : soft

Ukers

주로 브라질 이외 국가에서 생산된 커피 ;
- 거친 리오 풍미가 없는 커피를 나타내기
  위해 사용되는 용어.

■ MOLDY : 곰팡내 나는

Webster

곰팡내 나는 균류의, 그것과 유사한, 그것
으로 덮인.

Lingle

musty를 참조.

Nestle

커피는 열악한 조건에 두면 곰팡이 같은 맛
을 얻을 수도 있다.
- 곰팡내는 또한 생두의 과육 제거 및 세척
  중의 조건에도 달려 있다.

Pangborn

곰팡이를 연상시키는 냄새나 풍미.

■ MUDDY : 흙탕물의, 탁한

Webster

침전물 때문에 흐린.

Smith

흐린 희미한 그리고 좀 걸쭉한 풍미.
- 휘저어진 찌꺼기 때문일 수도 있음.

■ MUSTY : 곰팡내 나는, 퀴퀴한

Webster

습기나 곰팡이에 의해 나빠진.

- 곰팡이 맛 나는.
- 눅눅하거나 부패한 냄새가 나는.

Lingle

커피콩에 곰팡내를 주는 향의 오점.
- 건조 과정 중에 커피콩 속의 지방이 생두
  위의 곰팡이(균)으로부터 유기물을 흡수
  하거나, 그것과 접촉한 결과.
- moldy 라고도 한다.

CBC

과도한 가열로 또는 충분하고 적절한 건조
나 숙성의 결여로 커피에서 종종 발견되는
풍미.
- 과열로 인한 곰팡내는 달갑지 않지만, 오
  래되어 나는 곰팡내는 매우 바람직하다.

Sivetz

흙냄새(earthiness)에 가까운 맛. 닫힌 벽장
과 비슷하다.
- Moldy.

Pangborn

축축한, 통풍이 안 좋은 지하실과 유사한
풍미.

Ukers

과도한 열 또는 숙성의 결과로 커피에서 발
견되는 풍미.
- 과도한 열로 인한 곰팡내는 바람직하지
  않지만, 오래되어 나는 곰팡내는 바람직
  하다.

Smith

종종 허술한 저장에 기인한 풍미로, 특히

로부스타에서 그렇다.

- 불충분한 건조 또는 과열 때문일 수 있다.
- 오래되어 나는 곰팡내는 바람직하지 않다.

■ **NEUTRAL : 매우 약한 맛**

Webster

이것도 저것도 아닌.

- 시지도 기본적이지도 않은.

Lingle

특징 없는 맛, 맹맹한 맛(bland)에 관계된 커피의 2차적인 맛 느낌.

- 추출액을 처음 마실 때 혀의 어느 부분에서도 지배적인 맛의 느낌이 없는 것이 특징으로, 추출액이 식으면서 혀 측면에서의 뚜렷한 마른 느낌으로 바뀐다.
- 산의 신맛과 당의 단맛 모두를 중화할 정도지만, 짠맛 느낌을 불러일으킬 정도로 높지는 않은 염의 농축에 기인한다.
- 우간다의 수세식 로부스타 커피에서 전형적이다.

Nestle

지배적인 특징이 없는, 특히 바람직하지 않은 것들.

Pangborn

지각되는 느낌이나, 측정할 수 있는 반응이 적거나 없음.

- 맛이나 후각의 느낌이 다른 자극에 의해 지워지거나 완화될 때 발생.

Smith

강력한 주요 풍미의 어떤 것도 분명하지 않은 하찮은 술.

- 대개 블렌드용으로 좋음.

■ **NEW CROP : 뉴크롭**

Lingle

추출되었을 때 커피콩에 약간 허브의 특징을 주는 맛의 오점.

- 수확 및 건조 후 숙성 과정에서 생두 속에서의 불완전한 효소 변화의 결과.
- 계속된 저장(3~6달)이 이런 맛의 징후를 궁극적으로 없앤다.

Sivetz

- 신선한 가벼운 커피 풍미 및 아로마로, 커피 블렌드의 정상적인 특징을 강화하며, 특히 풍미와 산성도에서 그렇다.
- 뉴크롭 커피에 흔히 있는 거칠음(wildness)이나 풋내(greenness)와 혼동해서는 안 된다.

■ **NIPPY : 강한 단맛**

Webster

상쾌한, 톡 쏘는, 자극적인.

Lingle

상큼한 맛(acidy)에 관계된 커피의 2차 맛의 느낌.

- 대개 추출액을 처음 마실 때 혀끝에서의 달콤한, 통렬한 느낌으로, 추출액이 식으

면서 달콤한 느낌으로 바뀐다.

- 대개 단맛 느낌의 조율 중 시다고 지각되
는 산의 비율이 보통 이상으로 높은데 기
인한다 ;
- 코스타리카 SHB 커피에서 전형적이다.

Pangborn
- 자극적인, 입이 얼얼한 느낌.

### ■ NOSE : 노즈

Webster
후각 ; 후각작용.

Lingle
추출된 커피를 삼키는 동안 거기서 방출된
증기가 후두 운동에 의해 내쉬어질 때의 느
낌.
- 캐러멜 같은 맛부터 견과류 같은 맛까지,
맥아 같은 맛까지가 범주다.

Pangborn
차, 술 또는 와인의 아로마.

### ■ NUTTY : 견과류 맛의

Webster
견과류 같은 풍미를 가진.

Lenoir
볶은 아몬드 - 볶은 아몬드의 뛰어난 이 아
로마는 설탕 뿌린 아몬드나 초콜릿 덮은 아
몬드로 만든, 프랄린이라 불리는 사탕을 연
상시킨다.

Lenoir
호두 - 이것은 호두의 그리고 신선한 호두
로 만든 오일의 특징적인 톡 쏘는 냄새다.
매우 농축되어 있으며 카레나 옥소 큐브의
냄새가 난다. 이 아로마는 주로 소톨론에
서, 때로는 아세트알데히드에서 나온다 ;
둘 다 커피 속에서 유리되어온 것들이다.

Lingle
대개 커피 추출액의 노즈에서 발견되는 아
로마 느낌.
- 커피 추출액을 삼킬 때 방출되는 증기에
서 발견되는 보통 휘발성의 알데히드와
키톤에 의해 생성된다.
- 볶은 견과를 연상시키는.

ICO
이 향은 쓴 아몬드가 아닌, 신선한 견과(썩
은내 나는 견과와 전혀 다름)의 냄새와 풍
미를 연상시킨다.

### ■ OILY : 기름기 있는

Webster
오일의, 오일에 관계된, 오일로 이뤄진.

Lingle
creosoty를 참조.

Nestle
높은 단계로 로스팅 된 탓에 볶은 기름기
맛을 가진 커피를 나타내기 위해 종종 사용
되는 용어.

Pangborn

입에서의 부드러운, 기름진 느낌.

## ■ OLD : 오래된

Webster

같은 종류의 물건과 이른 날짜로 구별되는.

Lingle

stale을 참조.

Nestle

너무 오랫동안 남은 볶은 커피는 아로마가 변하고 특정한 그리고 불쾌한 풍미를 획득한다 ;
- 동의어 : stale

J. Aron

oldish(꽤 나이가 든)와 비슷하지만, 더 강한 건초 같은 풍미를 가진.
- 신선함이 전혀 없음, 약간 건초 풍미를 가진 다소 밋밋한 맛.

## ■ ONIONY : 양파 같은, 양파 맛

Webster

광범위하게 재배되는 아시아 허브의, 또는 그것에 관련된.

Lingle

herby를 참조.(특히 alliaceous)

J. Aron

양파의 풍미.

## ■ ORDINARY : 평범한

Webster

맛없는, 열등한, 세련미가 없는.

J. Aron

특징 없는 맛의, 성장, 등급, 그리고 유형에서 평균 품질 이하인.

## ■ PAPER : 종이 같은

Webster

묽기나 밀도에서 종이와 비슷한.

Lingle

strawy를 참조.

Nestle

종이백으로 포장된 커피가 또는 나쁜 품질의 여과지로 우리기가 얻을 수 있는 맛 ;
- 인스턴트 커피에서 그것은 특정한 공정의 결과일 수도 있다.

## ■ PAST CROP : 패스트 크롭

Lingle

커피콩에 약간 덜 상큼한 맛의 특성을 주는 맛의 오점 ;
- 수확 후 숙성 과정 중 커피콩 속의 효소 변화 때문에 발생한다.

Sivetz

숙성된, 녹색을 띤 커피의 정상적인 특성들이 약해지거나 톤이 낮아진 풍미와 아로마 ;
- 특히 덜한 산도와 더 무거운 풍미. 이것 또한 이런 품질들이 바디가 없거나 적어

나무 같거나 종이 같은 풍미로 가는 열화
일 수 있다.

## ■ PEANUTTY : 땅콩 냄새

### Lenoir
볶은 땅콩 - 이것은 살짝 볶은 땅콩 그리고
땅콩 오일의 풍부하지만 섬세한 방향이다.
특정한 유형의 커피는 그리스식 맛이라고
불리는 이런 냄새를 풍기는 타고난 경향이
있는데, 그리스인들은 종종 맛을 강화하기
위해 생두에 날땅콩을 첨가하기 때문이다.

### Lingle
로스팅 과정 초기에, 마이야르 반응이 시작
되는 단계에 알도오스와 케토오스 당이 아
미노산과 결합할 때 생성되는 아로마의 느
낌이다. 볶았지만 껍질은 까지 않은 땅콩을
많이 연상시킨다.

## ■ PEASY : 완두콩 맛

### Webster
둥글고 매끄럽거나 주름진 식용 가능한 단
백질이 풍부한 씨앗 때문에 재배되는 어떤
콩과(科) 식물의, 또는 그것과 관련된.

### Lingle
garden pea를 참조.

### J. Aron
아주 신선한 완두콩의 유쾌하지 않은 맛.

## ■ PEPPER : 후추

### Webster
동인도의 식물의 열매에서 난 자극성의 (검
정 또는 흰) 씨앗을 말하는데 조미료, 구풍
제 또는 흥분제로 쓰인다.

### Lenoir
이것은 후추의 톡 쏘는, 얼얼한 맛과 관계
된, 거의 금속성의 강렬한 냄새다. 테르펜
탄화수소로 구성된 이 에센스는, 갓 분쇄한
검은 후추를 증기 - 증류해서 얻어진다. 그
성분 일부는 커피에서 발견될 수 있다.

### Lingle
로스팅 중에 콩 섬유질의 건류로 생성되는
아로마 느낌. 이 복잡한 냄새는 따뜻한 향
신료 같은 느낌과 함께 으깬 말린 후추 열
매를 연상시킨다.

## ■ PIQUANT : 자극적인 단맛

### Webster
구개에 기분 좋은 자극이 되는.

### Lingle
acidy에 관계된 커피의 2차 맛 느낌
- 추출액을 처음 마실 때 혀끝에서 두드러
  지게 달콤한, 찌르는 듯한 느낌이 특징이
  며, 추출액이 식으면서 단 느낌으로 대체
  된다.
- 대개 단맛 느낌의 조율 중에 단맛으로 지
  각되는 산의 비율이 보통 이상이어서 야
  기된다.
- 케냐 AA 커피에서 전형적이다.

Pangborn

기분 좋은, 구개에 자극이 되는.

- 기분 좋은 자극적인, 날카로운, 또는 얼얼한.

- 톡 쏘는.

## ■ POINT : 포인트

Webster

식별된 세부사항.

Lingle

piquant를 참조.

J. Aron

좋은 긍정적인 특성인 풍미, 바디 그리고 활기를 가진 커피.

Smith

훌륭한 상큼한 날카로움.

## ■ POOR : 평범한 맛

Webster

품질이나 가치에서 열등한.

Nestle

진짜 평범한 풍미를 가진 커피를 수식한다.

## ■ POTATO 감자

Webster

채소 작물로 폭넓게 재배되는 가지속(屬)의 직립 아메리카 허브.

Lenoir

이것은 삶은 감자의 껍질 냄새다. 이 특별한 아로마는 메티오날에서 생기며, 로스팅 중 나타난다. 이것은 커피에서 지배적이진 않지만 가장 흔한 아로마 중 하나다. 그 냄새가 난다면, 콩이 충분히 세심하게 분류되지 않았음을 나타낸다.

Lingle

herby를 참조.(특히 leguminous)

J. Aron

날감자의 불쾌하고 매우 기분 나쁜 맛.

Smith

'erpsig' 풍미와 같다.

## ■ PRIMARY COFFEE TASTE SENSATIONS : 커피의 기본적인 맛의 느낌

Lingle

상큼한 맛(acidy), 부드러운 단맛(mellow), 와인 같은 맛(winey), 특징 없는, 맹맹한 맛(bland), 자극적인 맛(sharp), 그리고 시큼한 맛(soury).

- 맛의 조율 과정의 결과.

- 기본 맛의 느낌들이 서로 상호작용할 때 각각의 상대적인 강도에 따라 생성된다.

- 유사한 맛의 커피들로 그룹핑 하기 위한 기초.

## ■ PROCESS TASTE : 가공 처리 맛

Nestle

이 용어는 많은 결점들을 반영한다.

- 커피 생산에서의 어떤 기술적인 처리가 잘 확인된 이취들을 발생시킬 수 있다.
- 구운 맛(cooked), 캐러멜화된 맛(caramalized), 곡물 같은 맛(cereal), 그리고 아린 맛(acrid).

## ■ PULPY : 펄프 맛

### Webster
부드러운, 즙이 많은, 대개 열매의 중과피 부분.

### Lingle
fruity를 참조.

### J. Aron
커피콩 껍질에서 나는 강하고 톡 쏘는, 과일 같은 풍미.

## ■ PUNGENT : 톡 쏘는 맛

### Webster
날카롭거나 아리게 하는 느낌을 일으키는.

### Lingle
쓴맛 나는 화합물의 존재와 관계된 기본적인 커피 맛의 느낌.
- 알칼리와 페놀 화합물이 염과 결합해서 추출액의 전체적인 쓴맛을 증가시킬 때 생성된다.
- 대개는 강배전 커피에서 발견되며, 콩 섬유질의 과도한 열분해 때문이다.
- 높은 비율의 페놀(쓴맛 나는) 화합물을 생성하며, 이는 기본 맛 조율에서 단맛을 대체한다.
- 톡 쏘는 맛의 커피의 범주는 타르 맛(creosoty)부터 알칼리 맛(alkaline)까지로, 혀의 뒤에서 경험되는 맛의 느낌이다.

### Nestle
기본적으로 풀 바디에 약간 공격적인 커피에 적용된다.

### Sivetz
따끔한, 찌르는, 날카로운 느낌.
- 꼭 불쾌한 것은 아니다.
- 예를 들면 후추 또는 코담배, 과일 알데히드.

### Pangborn
- 풍미나 냄새의 날카로운, 찌르는, 또는 고통스러운 느낌으로, 예를 들어 알데히드 C-9, 그리고 알데히드 C-10의 그것이다.

## ■ QUAKERY : 덜 익은 맛

### Lingle
커피 추출액에 뚜렷한 땅콩 같은 풍미를 주는 맛의 오점. 매우 밝은 색의, 로스팅이 덜 된 커피콩의 존재의 결과. 수확 중 익지 않은 푸른 커피콩의 채취가 원인이다.

### Nestle
익지 않은, 시든 또는 발육 부진한 커피콩에 적용되는 용어.

### CBC
익지 않은, 시든 또는 발육 부진한 커피콩에 적용되는 용어. 다수의 퀘이커는 컵의 품질에 영향을 미치는 반면, 조금의 퀘이커는 컵 품질에 위해하지 않다고 여겨진다. 하지만 그것들은 정상인 커피보다 밝게 볶아지고, 그래서 달갑지 않게 여겨진다.

### Sivetz
발육이 덜된 죽은 콩이 내는 땅콩 같은 풍미로, 볶였을 때 매우 밝은 색을 띤다.

### ■ RANK : 악취 나는

### Webster
불쾌하게 역겨운 또는 조악한.
- 썩은, 산패한, 악취 나는.

### Smith
더러운 불쾌한 풍미로 주로 오염이나 과발효 때문.

### ■ RANCID : 변질된 맛, 산패한 맛

### Webster
고약한 냄새나 맛을 가진.

### Lingle
커피 추출액에 매우 불쾌한 맛을 주는 맛의 결점.
- 산소와 습기의 존재로 인한 볶은 커피콩 안에서의 화학적인 변화의 결과.
- 로스팅 후 산패 과정 중 단백질의 가수분해와 지방의 산화 때문에 야기된다.

### Nestle
볶은 커피의 불쾌한 풍미는 지방의 산화가 원인이다.

### Pangborn
오래된 오일의 냄새나 맛처럼, 고약한 냄새나 맛을 가진.
- 알데히드 C-9 또는 알데히드 C-10로 특징 지어진다.

### ICO
rancid/rotten - 이 아로마 기술어는 몇몇 상품의 변질과 산화를 연상시키는 냄새와 관련된 두 개의 용어를 포함한다. 지방 산화의 주요 표시어로서의 Rancid는 변질된 견과류와 관계되며, 그리고 rotten은 변질된 채소 또는 기름기가 많지 않은 상품류의 표시어로서 사용된다. 테이스터는 강렬한 특징을 가졌지만 품질 저하의 징후는 없는 커피에 이 기술어들을 적용하지 않도록 유의해야 한다.

### ■ RICH : 풍부한

### Webster
양념을 많이 한, 지방이 많은, 기름기가 함유된, 또는 달콤한 : 음식에서.
- 톡 쏘는, 냄새에서.
- 높은 가치 또는 품질을 가진.

### Lingle
커피의 부케에 대한 양적인 기술.
- 평가되는 커피의 프레이그런스, 아로마, 노즈, 그리고 뒷맛 속에 온전한 일련의 가스와 증기가 있음을 의미한다 ;
- 가스와 증기가 매우 현저한 강도로 존재함을 나타낸다.

Nestle

고도로 발달된 바디, 풍미, 그리고 특히 고도의 아로마를 가진, 풍부한 커피를 수식한다.

Smith

전체적으로 활기 있는 풀 바디의 풍미.

### ■ RIOY : 요오드 냄새

Lenoir

리오 맛 - 리오데자이네로에서 오는 커피들은 그들만의 특성을 하나 갖는데, 다른 커피에서는 좀처럼 발견되지 않는 맛이다. 그것은 일종의 곰팡이로부터 비롯되는데, 그 냄새는 종종 후추 느낌이 나는 페놀과 염화물 같다고 기술된다. 이 맛은 주로 페놀에서 파생된 염화물 성분이 가져오며, 현존하는 가장 강력한 분자 중 하나다.

Lingle

커피콩에 매우 확연한 약품의(요오드 같은) 특성을 부여하는 맛의 결점
- 열매가 나무에 달려 부분적으로 건조되는 동안, 커피콩이 열매 속에 남아 있을 때 효소 활동이 계속된 결과
- 보통 브라질에서 자라고, 리오데자이네로 항을 통해 선적된 내추럴 처리된 아라비카 커피와 관계된다.

Nestle

낮은 품질의 브라질 커피의 불쾌한 의약품 풍미-약간 요오드화 된 페놀이나 석탄산 같은.

- 이 특성은, 찾아내기 쉬우나(특히 우려낸 차에서) 기술하기 어렵고, 블렌딩으로 감춰질 수 없다.

CBC

브라질 리오 지역에서 자란 커피의 무겁고 거친 맛의 특성이며, 때로 팬시 마일드 커피에도 있다.

J. Aron

브라질과 특별히 관련된, 약간 요오드 같은 풍미.
- 매우 톡 쏠 수 있다.

Sivetz

불쾌한, 약품 풍미, 아마도 나무 같거나 발효된 성향을 가진, 요오드와 유사한 ;
- 블렌딩으로 감춰질 수 없는 특성.

Ukers

리오 풍미 - 브라질 지오 지역에서 자란 커피의 무겁고 거친 맛의 특성이며, 때로 팬시 마일드 커피에조차 있다.

### ■ ROASTY : 로스티

Webster

열에 노출시켜 건조하고 바싹 말리는 것.

Nestle

커피 풍미의 천연 성분의 상대적인 강도는 로스팅 정도에 의해 변경되며, 강한 개성이 된다.

### ■ ROUGH : 거친 맛

### Webster
거친 것이 특징인.

### Lingle
- sharp와 관련된 커피의 2차적인 맛 느낌.
- 대개 혀 뒤 측면에서 긁는, 바싹 마르는 느낌이 특징이다.
- 짠맛 느낌의 습관적 특성에 기인한다.
- 앙골라의 비수세식 로부스타 커피에서 전형적이다.

### Nestle
구개나 혀를 긁는 거친 커피.
- 동의어 : harsh

### Pangborn
떫음의 정도, 특히 와인을 기술하기 위해 사용되는 용어.

## ■ ROUNDED : 부케가 약한

### Webster
가득한, 온전한.

### Lingle
커피의 부케에 대한 양적인 기술.
- 평가되는 커피의 프레이그런스, 아로마, 노즈, 그리고 뒷맛 속에 가스와 증기가 불완전하게 구성되어 있음을 의미한다.
- 가스와 증기의 양이 단지 적당히 인지할 정도로 존재함을 나타낸다.

### Nestle
기본 특성은 겨우 딱 느낄 정도이고, 특별히 뚜렷한 것은 없고, 아우름의 인상을 주는 균형 잡힌 커피.
- 동의어 : balanced

## ■ RUBBERY : 고무 같은

### Webster
어떤 여러 열대 식물들의 유즙을 응고시켜서 얻어지는 탄성 물질의, 또는 그것에 관계된.

### Lenoir
고무 - 이 냄새는 일부 커피에서는 대단히 중요한 부분이며, 부정적으로 기술되어서는 안 된다. 종종 흙이나 채소 같은 느낌과 혼합되고, 에티-4-푸르푸릴-메캅토프로프리어니트가 재현하는 로부스타의 다른 영구적인 특징이다. 커피에서 발견되는 바로 그 고무 냄새.

### Lingle
커피콩에 매우 현저한 탄 고무 특성을 부여하는 맛의 오점.
- 열매가 나무에서 부분적으로 건조되게 둔 동안 만약 커피콩이 열매 속에 계속 남아 있었다면, 계속된 효소 활동의 결과.
- 대개 아프리카에서 처리된 로부스타 커피에 관련된다.

### CBC
- 보통 로부스타의 맛에 적용되는 용어.

### Pangborn
천연 또는 합성 고무의 냄새로, 파라테티어리 부틸 페놀에 의해 특징지어진다.

Sivetz

포장 도로 위에서 가열된 자동차의 고무 타이어와 비슷한 냄새.

- 로부스타는 일반적으로 불쾌하지만 특징적인 이 냄새를 갖고 있다. 120℉ 이상에서 며칠을 둔 인스턴트 커피는 그런 역겨운 성향을 발생시킨다.

Ukers

- 일반적으로 로부스타의 맛에 적용되는 용어.

Smith

주로 로부스타, 특히 인도네시아 것에 일반적.

ICO

고무 같은 - 이 냄새 기술어는 뜨거운 타이어, 고무 밴드와 고무 마개 냄새의 특징이다. 그것은 부정적인 속성으로 여겨지진 않지만, 일부 커피에서는 많이 인지할 수 있는 특징적인 강렬한 느낌을 가졌다.

■ SALT : 짠맛

Webster

네 가지 기본 맛의 느낌 중 하나인, 또는 그것을 유발하는.

Lingle

염화물, 브롬화물, 요오드화물, 질산염, 그리고 황산 칼륨, 그리고 리튬의 용해로 특징지어지는 기본 맛.
혀의 앞 측면의 균상 및 엽상 미뢰에서 주로 느껴진다.

Pangborn

짠 - 염화나트륨 맛이 전형적 사례인 맛의 느낌의 성질.

- 동의어 : saline

ICO

소금기(saltiness) - 염화나트륨 또는 기타 염의 용해로 특징지어지는 기본 맛.

■ SCORCHED : 그슬린내, 강한 탄내

Webster

색과 질감을 바꿀 만큼 표면이 탄.

Lingle

커피 추출액에 경미한 페놀 및 피리딘(연기 냄새나는-탄) 성질의 뒷맛을 주는 향의 오점으로, 로스팅 과정 중에 너무 빨리 너무 많은 열을 가하고 콩의 표면을 까맣게 태워서 정상적인 캐러멜화 결과에 이르지 못한 것이 원인이다.

■ SECONDARY COFFEE TASTE
   SENSATIONS :
   커피의 2차적인 맛의 느낌들

Lingle

커피의 주요 맛 느낌이 하나의 기본 맛의 영향에 지배될 때 생성된다.

- 상큼한 맛(Acidy) 커피의 범주는 자극적인 단맛(piquant)부터 강한 단맛(nippy)까지. 부드러운 단맛(Mellow) 커피의 범주는 산뜻한 단맛(mild)부터 섬세한 단맛(delicate)까지.

- 와인 같은 맛(Winey) 커피의 범주는 달콤한 와인 맛(tangy)부터 새콤한 와인 맛(tart)까지.
- 특징 없는 맛(Bland) 커피의 범주는 부드러운 맛 soft부터 매우 약한 맛(neutral)까지.
- 자극적인 맛(Sharp) 커피의 범주는 거친 맛(rough)부터 떫은맛(astringent)까지.
시큼한 맛(Soury) 커피의 범주는 쏘는 신맛(hard)부터 아린 맛(acrid)까지.
- 느낌의 지각은 추출액의 온도에 영향을 받는다.

## ■ SHARP : 자극적인

Webster
감각기관에 강하게 영향을 주는, 강한 냄새와 풍미를 가진 경우와 같이 ;
- 아린, 너무 강한, 딱딱한, 신랄한.

Lingle
짠맛 나는 화합물의 존재와 관련된 1차적인 맛 느낌.
- 커피 속의 산이 염과 결합해서 추출액의 전체적인 짠기를 증가시킬 때 생성된다.
- 아프리카 아이보리코스트 커피 같은, 대개 비수세식 로부스타 커피에서 발견된다.
- 자극적인 맛의 커피는 거친 맛(rough)부터 떫은맛(astringent)까지가 범주로, 혀의 측면에서 경험되는 맛의 느낌이다.

Pangborn
섭취하거나 냄새 맡는 어떤 물질에 대해 강렬하거나 고통스러운, 상당히 국부적인 반응이 특징인.
- 예를 들면 여러 가지 산, 그리고 알코올.

## ■ SMOKY : 연기 냄새나는

Webster
풍미나 냄새에서 특히 연기를 연상시키는.

Lenoir
연기 - 휘발성의 상징으로, 어떤 나무와 수지 종류가 탈 때 풍기는 냄새 ; 그것은 기분 좋은 냄새이며 훈제 음식에 그 풍미를 부여한다 ; 폴리페놀은 연기 냄새의 본질적인 부분이다. 이것은 기본적으로 커피 로스팅에서 마지막 단계의 전형적인 특징이다. 로스팅을 더 진행하면 타르 냄새를 만들어 낸다.

Lingle
강배전에 공통적인 향의 느낌으로, 콩 섬유질의 완전한 건류에 의해 생성된다. 여러 가지 페놀 화합물에 의해 생성되는 냄새이고, 크레솔을 연상시킨다.

## ■ SMOOTH : 매끄러운

Webster
저항 없이 미끄러지게 하는.

Lingle
커피 음료 속에 부유하는 적당히 낮은 수준의 기름기 물질에 기인하는 커피 입안 촉감 느낌.
- 생두 콩 속에 적당량의 지방이 들어 있는 결과.

Pangborn
평평한 표면의 밀도를 가진.
- 거칠기가 없는.

Smith
풀 바디 그러나 낮은 산도의 커피.

■ **SOFT : 순한 맛, 약한 맛**

Webster
자극적인 또는 산 맛이나 풍미보다는 특징 없는 또는 달콤한 맛을 가진.

Lingle
특징 없는 맛(bland)에 관련된 커피의 2차 맛 느낌.
- 혀의 어느 부분에서도 미묘한 무미건조 외에 어떤 지배적인 맛 느낌도 없는 것이 특징.
염의 농축이 산을 중화할 만큼 높지만 당을 중화할 만큼은 아닌 것에 기인한다.

Pangborn
순하고 기분 좋은 방식으로 감각에 영향을 주는. 거칠기, 딱딱함, 조악함, 산도가 없는, 또는 맛, 시각, 청각 또는 촉감에 대한 거슬리는 성질이 없는.

Smith
어떤 거칠기나 산도도 없는 원만한 풍미.

■ **SOUND : 온전한**

Webster
흠, 결점, 또는 부패가 없는.

Lingle
부적절한 수확 및 건조 방법에 기인한 어떤 향이나 맛의 오점도 없는.

J. Aron
특별한 긍정적인 특징이 없고 부정적인 특징이 없는 커피.
- 일반적으로 하나의 특정 커피를 최소 5잔을 커버하는.

Ukers
판매할 수 있는 상태의 커피.

■ **SOUR : 신맛**

Webster
주로 산에 의해 만들어지는 기본적인 맛 느낌을 일으키는, 또는 그것에 의해 특징지어지는.

Lingle
주석산, 구연산, 또는 사과산의 용해로 특징지어지는 기본적인 맛 느낌.
- 혀의 뒤 측면의 엽상 및 균상 미뢰에 의해 지각된다.

Pangborn
산에 의해 초래되는 맛 느낌.

ICO
시큼함(sourness) - 이 기본적인 맛 기술어

는 과도하게 자극적인, 얼얼한 그리고 불쾌한 (식초 또는 아세트산 같은)풍미에 관계된다. 그것은 때로 발효된 커피의 아로마와 관계가 있다. 테이스터는 커피에서 일반적으로 유쾌하고 바람직한 맛으로 간주되는 산도(acidity)와 이 용어를 혼동하지 않게 유의해야 한다.

### ■ SOURY : 시큼한

#### Webster
보통 천연의 단맛을 잃은 어떤 것에 적용한다.

#### Lingle
신맛 나는 화합물의 존재에 관련된 1차적인 커피 맛 느낌.
- 커피 속의 염이 산과 결합해서 추출액의 전반적인 시큼함을 증가시킬 때 생성된다.
- 에티오피아의 비수세식 아라비카 커피처럼, 대개 해발 2,000피트 이하에서 재배된 브라질의 비수세식 아라비카 커피에서 발견된다.
- 시큼한 커피의 맛은 쏘는 신맛(hard)부터 아린 맛(acrid)까지가 범주이며, 혀의 측면에서 경험되는 맛의 느낌이다.

#### Nestle
신 커피의 불쾌한 산도는 이 특질이 높이 평가받는 어떤 커피들의 천연의 산도와 혼동될 수 없다.
- 참조 : acid와 astringent

#### Sivetz
자극적인 산 맛을 가진 불쾌한 풍미
- 산도와는 다르다.

#### Smith
자극적이고 지나치게 신 신랄한 풍미.

### ■ SPICY : 향신료 같은

#### Webster
음식에 양념을 하거나 맛을 내기 위해 사용되는 여러 가지 향기로운 채소 제품(후추 또는 육두구 같은)의, 또는 그것에 관련된.

#### Lingle
대개 커피 추출액의 뒷맛에서 발견되는 아로마 느낌의 하나.
- 커피 추출액을 마신 뒤에 방출되는 증기 속에서 발견되는 일련의 저휘발성 탄화수소 화합물에 의해 생성된다.
- 우드 스파이스(계피) 유형 느낌이나 우드 씨드(정향 눈) 유형 느낌들을 연상시키는.

#### Pangborn
향신료나 향신료 덩어리로 맛을 낸, 그것들을 포함하는, 또는 그것들의 특색이 있는.
- 향기로운, 자극적인 단맛의, 톡 쏘는 맛의.

#### ICO
이 아로마 기술어는 정향, 시나몬, 그리고 올스파이스 같은 달콤한 향신료 냄새의 전형이다. 테이스터들은 이 용어를 후추, 오레가노, 그리고 인도 향신료 같은 맛 좋은 향신료의 향을 기술하는 데 사용하지 않도록 유의해야 한다.

## ■ STALE : 신선하지 않은

**Webster**
오래돼서 맛이 없거나 구미에 안 맞는.

**Lingle**
커피 추출액에 불쾌한 맛을 주는 맛 결점. 습기와 산소가 콩 섬유질 속으로 들어가서 거꾸로 유기 물질에 영향을 준 결과 ;
- 로스팅 후 선도 저하 과정에서 발생한다.

**Nestle**
- old를 참조.

**Pangborn**
신선하지 않은.
- 오래돼서 김이 빠지거나 맛없는, 김빠진 맥주, 맛이 간 빵, 또는 나빠진 무지방 우유 분말 같은.

**Sivetz**
달지만 불쾌한 풍미.
- 볶은 커피의 아로마로, 불쾌한 휘발성 알데히드의 산화, 그리고 다른 것들의 상실을 반영한다.

## ■ STEWED : 졸인 맛

**Webster**
천천히 끓이거나 열로 부글부글 끓여서 요리되는 것.

**Nestle**

냉각 후에 가열되어서 처음의 향을 상실한 커피 우린 맛.

## ■ STINKER : 스팅커

**Webster**
매우 빈약한 품질의 무엇.

**J. Aron**
특별한 긍정적인 특징이 없고, 부정적인 특징도 없는 커피.
- 일반적으로 하나의 특정 커피를 최소 5잔을 커버하는.

## ■ STRAWY : 짚 같은

**Webster**
마른 성긴 곡물 줄기의, 또는 그것에 관련된.

**Lenoir**
짚 - 이것은 수확 후 들판에 선 채 남겨진 곡물 줄기의 속속들이 스미는 냄새다. 베인 건초와 유사한, 따뜻한, 풀의 향.

**Lingle**
커피콩에 뚜렷한 건초 같은 특성을 주는 맛의 오점.
- 저장 중에 생두로부터 유기 물질의 상실의 결과.
- 수확 후 묵히는 과정에서 생긴다.

## ■ STRONG and FULL : 강하고 풍부한

**Webster**

강한 - 풍미 또는 추출물에서처럼 일부 활성제들이 풍부한.
- 산과 염기처럼 용액 속에서 자유롭게 이온화하는.

Lingle
강한 - 커피 추출액 속 가용성 물질의 농도가 높음을 나타내는 맛 용어.

Nestle
컵에서 톡 쏘는, 리스트레토 타입의 인상을 주는, 풍미가 풍부한 커피.
- 로스팅에 의해 또는 밀도감 있는 입안 촉감을 가짐으로써 발현된다.

■ SWEATY : 땀내나는

Webster
표면에서 나오거나 표면 위에 방울방울 모이는 습기의, 또는 그것에 관련된.

Lingle
땀에 젖은 - 부적절한 저장 조건의 결과인 커피 생두에서의 맛의 오점.
- 범주는 기분 좋게는 묵은 aged 커피와 비슷하고, 불쾌하게는 강렬한 치즈나 땀과 비슷할 수 있다.
- 본래는 증기선 수송 중 손상된 커피에 쓴다.

J. Aron
아마 바래고 있거나 바랜 커피로, 얼마간 이상적이지 않은 조건에서 저장되었고 그리고 뚜렷한 땀내나는 맛이 되었음.

Ukers
땀에 젖은 - 콩에 심한 갈색의 외관을 주기 위해 찌기 과정에 놓였던 생두. 1906년의 순수 식품 및 약물법(Pure Food and Drug Act of 1906)에 따라 인위적인 찌기는 불법이며 불순품으로 분류되었고 가짜 상품으로 낙인 찍혔다.

■ SWEET : 단맛

Webster
네 가지 기본 맛 느낌의 하나인, 또는 그것을 포함하는 것으로, 전형적으로 이당류에 의해 유발되고 특히 혀 앞 미뢰의 감각기관에 의해 전해진다.

Lingle
당(자당과 포도당), 알코올, 글리콜, 그리고 어떤 산(아미노산)의 용해로 특징지워지는 기본 맛.
- 주로 혀끝의 균상 미뢰에 의해 지각된다.

CBC
리오 풍미의 거칢이나 어떤 형태의 손상도 없는 커피를 기술하는 거래 용어.

Pangborn
자당의 맛이 전형적인 예인 맛의 느낌의 성질.

Sivetz
기분 좋은, 깔끔한 맛.

Ukers
리오 풍미의 거칢이나 어떤 형태의 손상도

없는 커피를 기술하는 거래 용어.

Smith

조금의 거칢도 없는 깔끔하고 부드러운 좋은 커피.

ICO

달콤함 - 이것은 기본 맛의 기술어로 대개 과일 맛, 초콜릿 그리고 캐러멜 같은 달콤한 아로마 기술어와 관련되는 자당이나 과당의 용해로 특징지워진다. 그것은 일반적으로 이취가 없는 커피를 기술하기 위해 사용된다.

■ SWEETLY FLORAL : 달콤한 꽃향

Lingle

볶고 분쇄한 커피콩의 방향에서 흔히 발견되는 아로마 느낌.

 - 갓 파열된 콩 섬유질 세포에서 빠져나온 가스(주로 이산화탄소)에서 발견되는 일련의 고휘발성 알데히드와 에스테르에 의해 생성된다.

- 재스민 같은 향기로운 꽃을 연상시킨다.

ICO

꽃의 - 이 아로마 기술어는 꽃의 방향과 유사하다. 그것은 인동덩굴, 재스민, 민들레 그리고 쐐기풀을 포함하는 각양각색 유형의 꽃들의 가벼운 향과 관련된다. 그것은 강렬한 과일이나 그린 아로마가 지각될 때 주로 발견되며, 그러나 그것만 높은 강도로 발견되지는 않는다.

■ SWEETLY SPICY : 달콤한 향신료 향

Lingle

볶아지고 분쇄된 커피콩의 방향에서 흔히 발견되는 향기의 느낌.

- 갓 파열된 콩 섬유질 세포에서 빠져나온 가스(주로 이산화탄소) 속에서 발견되는 일련의 고휘발성 알데히드와 에스테르에 의해 생성된다.

- 소두구 같은 향기로운 향신료를 연상시킨다.

■ TAINTED : 오점이 있는

Webster

뭔가 나쁜 것에 경미하게 접촉하거나 영향을 받는 것.

Lingle

풍미 결점, 보통 풍미의 아로마 특성에 국한된다.

J. Aron

약간 결함이 있는 풍미를 가진 커피.

Pangborn

일반적인 풍미 결점, 예를 들면 우유에서 사료 풍미.

■ TANGY : 달콤한 와인 맛

Webster

자극적인, 뚜렷한, 보통 오래 남는 풍미.

- 자극적인, 날카로운 맛을 암시한다.

Lingle

winey에 관련된 커피의 2차적인 맛.
- 대개 혀 뒤의 가장자리를 따라서 휙 지나
  가는, 신 느낌이 특징이다.
- 보통 이상 당의 비율에 기인하며, 거의 과
  일 같은 느낌을 맛에 부여한다 ;
- 인도의 비수세식 아라비카 커피에서 전형
  적이다.

Pangborn
- 자극적인, 시큼한 맛을 가진.

### ■ TARRY : 타르 같은 탄 맛

Webster
타르의, 타르와 유사한, 타르로 덮인.

Lingle
커피 추출액에 불쾌한 탄 맛 같은 특성을
주는 맛의 결점.
- 추출액 속의 지방을 그슬리는 과도한 열
  의 결과.
- 추출 후 유지 과정 동안 발생한다.

Pangborn
- 타르의 냄새를 연상시키는, 카르바크롤의
  냄새 같은.

### ■ TART : 새콤한 와인 맛

Webster
기분 좋게 자극적인 맛
- 얼얼한, 톡 쏘는, 신.

Lingle
winey에 관련된 커피의 2차적인 맛 느낌.

- 대개 혀의 앞 측면을 따라서 얼얼한, 신
  느낌이 특징이다.
- 거의 입술이 오므라지는 느낌을 맛에 부
  여하는, 신 산의 비율이 보통 이상인 것에
  기인한다.
- 콩고 키부의 비수세식 아라비카 커피에서
  전형적이다.

Pangborn
sour를 참조.

### ■ TEA ROSE : 월계화

Lenoir
이것은 터키와 불가리아에서 자란 유명한
다마스커스 장미의 향이다. 그 향은 불가리
아 장미의 방향유 속에 고립되어 있던
B-Damascenone에서 나오며 또한 커피에
서도 발견된다. 이 뚜렷한, 매혹적인 방향
은 커피에 신선함을 부여한다.

Lingle
갓 볶고 분쇄한 커피의 방향에서 발견되는
아로마 느낌으로, 꽃의 특성을 나타낸다.

### ■ THICK : 걸쭉한

Webster
밀도에서 점성이 있는.

Lingle
커피 음료 속에 부유하는 고형 물질의 수준
이 상대적으로 높은데 기인하는 입안 촉감
느낌.

- 콩 섬유질의 미립자와 불용성 단백질이 상당한 양으로 존재하는 결과다.
- 대개 에스프레소 스타일 커피 음료의 특징.

## ■ THIN : 묽은

### Webster
밀도가 높지 않은, 점도가 없는.

### Lingle
커피 음료 속 고형 물질의 수준이 상대적으로 낮은데 기인하는 입안 촉감 느낌.
- 콩 섬유질의 미립자와 불용성 단백질이 겨우 인지 가능한 양으로 존재하는 결과다.
- 대개 종이 여과 장치로 준비된 커피 - 물 비율이 낮은 추출액의 특징.

### Nestle
너무 물이 많이 들어간 음료와 관계가 있다.
- 바디나 물질이 없는, 그리고 불충분하게 농축되고 볶아진.
- 극단적인 경우에, 그런 커피는 watery라고 일컫는다.

### Pangborn
- 풍미 또는 질감에 관하여 물질, 풍부함, 농도, 또는 밀도가 없는.

### Smith
바디나 산도가 전혀 없는 맥 빠진, 활기 없는 커피로, 덜 우려진 것이 원인일 수 있다.

## ■ TIPPED : 끝이 떨어져 나간, 약한 탄 맛

### Webster
무엇인가의 끝을 제거하는 것.

### Lingle
커피 추출액에 시리얼 같은 맛을 주는 맛의 오점.
- 로스팅 과정에서 너무 빨리 가열된 결과로, 콩의 끝을 까맣게 태움.

### CBC
티핑 - 로스팅 과정 중 너무 빨리 강한 열을 가해서 커피콩의 끝을 까맣게 태우는 것.

### Ukers
티핑 - 로스팅 과정 중 너무 빨리 강한 열을 가해서 커피콩의 끝을 까맣게 태우는 것.

## ■ TOAST 토스트 향

### Webster
열로 바삭하고, 뜨겁고, 갈색으로 만드는 것.

### Lenoir
겨의 톡 쏘는 냄새로, 토스트 빵의 아로마에서 핵심 역할을 하고, 커피 향과 완전하게 섞인다. 커피 속에 고립된 아세틸-2-피라진이 어느 정도 이 냄새의 원인이다.

### Lingle
로스팅 과정의 초기 단계에서 생성된 아로마 느낌으로, 구운 빵 껍질을 연상시킨다.

## ■ TOBACCO : 담배 냄새

**Webster**

재배된 담배 작물의 잎으로, 흡연이나 씹기 또는 코담배 용도로 조제된다.

**Lenoir**

파이프 담배 - 담배 잎 타는 냄새가 나는, 이 냄새는 또한 가을에 고엽들 밑으로 불이 탁탁 소리 내며 타는 것을 연상시킨다. 그것은 보통 마른 채소 냄새와 토스트 같은 느낌의 조합이다.

**Lingle**

일부 커피에서 발견되는 뒷맛으로 시가 연기를 연상시킨다.

**ICO**

이 아로마 기술어는 담배의 냄새와 맛을 연상시키지만, 타 버린 담배에 사용해서는 안 된다.

## ■ TURPENY : 송진내

**Webster**

테레빈유 같은(Turpentineous) - 소나무의 증류나 탄화로 얻는 오일의, 또는 그것과 관계된.

**Lingle**

대개 추출된 커피의 뒷맛에서 발견되는 아로마 느낌.
- 커피 추출액을 삼킨 뒤에 방출되는 증기에서 발견되는 일련의 저휘발성 탄화수소 화합물과 질산염에 의해 생성된다 ;

- 수지질의 느낌 또는 장뇌 같은 물질과 유사한 약품 느낌을 연상시킨다.

## ■ TWISTY : 트위스티

**Webster**

특이성 : 뜻밖의 반전 혹은 발전.

**Lingle**

wild를 참조.

**J. Aron**

컵마다 상이한 부정적인 특징들을 보이는 커피.
- 하나의 단종 컵에서, 그것의 신뢰도가 의심스러운 특질들을 가진 커피.

## ■ UNCLEAN : 깔끔하지 않은

**Webster**

유해한 전염으로 오염된.

**Nestle**

이취를 가진.
- 일반적으로 콩의 지리적인 산지 그리고 그것이 어떻게 다뤄졌는지에 달려 있다. 예를 들면, 펄핑.

**J. Aron**

발효된 것과 유사한 풍미 그러나 톡 쏘는 썩는 맛은 없는.

## ■ UNDIFINABLE : 정의 내리기 힘든 맛

**J. Aron**

분류될 수 없는 '못 마실' 맛을 가진 커피.

## ■ VANILLA : 바닐라

### Webster
바닐라 열매에서 추출된 결정 구조의 페놀 알데히드.

### Lenoir
이것은 난초과 열매인 바닐라 깍지의 따뜻한, 감각적인, 약간 버터 같은 그리고 놀랄 만큼 강력한 냄새. 주요 원천은 흔히 깍지 표면 위에 결정체 모양으로 있는 분자인 바닐린이다. 커피 아로마의 균형에 필수적인, 기초적인 영구적인 특징인 바닐린은 다른 방향족 화합물을 고정하고 강화한다.

### Lingle
볶은 커피에서 발견되는 아로마 느낌으로, 로스팅 과정 중 일어나는 당 갈변화 반응의 일부로서 생성된다. 바닐린을 연상시키고, 지배적인 특징은 아니며, 종종 다른 방향족 화합물과 섞인다.

## ■ VAPID : 김빠진 맛

### Webster
활기, 싸한 맛, 활발함 또는 힘이 없는
- 밋밋한, 재미없는.

### Lingle
커피 추출액에서의 향의 오점으로, 보통은 추출액의 아로마와 노즈 속에 가스 상태로 있어야 할 유기 물질의 상실이 특징 ;
- 추출 후 유지 과정 중 상승한 온도가 추출액 속에 갇혀 있는 가스 분자를 몰아낸 영향의 결과 ;

- 또한, 로스팅 후 선도 저하 과정 동안 원두로부터 유기 물질이 상실된 결과일 수도 있다.

### Pangborn
개성, 정신, 열정의 부재.
- 무미한, 무딘, 밋밋한.

## ■ WATERY : 매우 묽은

### Webster
물과 비슷하거나 물 같은 물질로 느껴지는.
- 특히 묽은 유동성에서, 물에 잠긴 질감, 맥 빠진 또는 맛없는.

### Lingle
커피 음료 속에 부유하는 기름기 물질이 상대적으로 낮은 수준인데 기인하는 커피 입 안 촉감 느낌.
- 생두 속 지방의 양이 약간 지각할 만한 양의 결과.
- 대개는 극히 낮은 커피 - 물 비율 추출액의 특징.

### Pangborn
희석된 풍미.
- 풍미의 강도가 없는, 밋밋한.

## ■ WEAK : 약한

### Webster
희석된, 커피에서처럼.
- 정상적인 세기나 힘이 없는.

### Lingle

추출액 속의 가용성 물질이 낮은 수준임을 나타내는 커피 맛 용어.

### Nestle
바디가 없지만 밋밋하지 않은 커피.

## ■ WILD : 거친 맛

### Webster
본래의 또는 예기된 경로로부터의 일탈.

### Lingle
커피콩에서의 맛의 결점으로, 표본 컵 간의 극단적인 차이로 특징지워진다.
- 통상 불쾌한 시큼함이 특징이다.
- 생두 내부의 화학적 변화나 외부 오염의 결과.

### J. Aron
twisty를 참조.

### Sivetz
wildness - 시큼한 또는 발효된 극단적인 풍미들, 열악하게 준비된 커피에서 발견되며, 대개 내추럴.

### Smith
사냥감 냄새가 나는 풍미로, 종종 에티오피아 커피들에서 그러함.

## WINEY : 와인 같은 맛

### Webster
와인의 맛이나 성질을 가진.

### Lingle
신맛 나는 화합물의 존재에 관계된 커피의 기본적인 맛.
- 커피 속의 당이 산과 결합해서 추출액의 전체적인 신맛을 줄일 때 생성된다.
- 대개 해발 4,000피트 이상에서 재배된 비수세식 아라비카 커피에서 발견되며, 에티오피아의 비수세식 짐마 커피가 사례.
- 와인 같은 맛 커피의 범위는 달콤한 와인 맛(tangy)부터 새콤한 와인 맛(tart)까지이며, 혀의 측면에서 경험되는 맛의 느낌.

### Nestle
일부 모카 타입(아비시니아) 커피로 얻어지는 특별하고 기분 좋은 풍미.
- 갓 갈은, 또는 첫 수확 커피.

### Sivetz
와인의 풍미와 바디를 연상시키는.
- 보통 고지 재배 커피에서.

### Smith
잘 숙성된 레드 와인의 특징인 매끄러움을 지닌 풍부하고 균형 있는 풀 바디 커피.
- 콜롬비아 커피의 일반적인 풍미.

### ICO
이 용어는 와인을 마실 때 냄새, 맛 그리고 입안 촉감 경험이 결합된 느낌을 기술하는 데 사용된다. 그것은 일반적으로 강한 산성의 과일 같은 특성이 발견될 때 지각된다. 테이스터는 이 용어를 시거나 발효된 풍미에 적용하지 않도록 유의해야 한다.

## ■ WISHY-WASHY :

### 선명하지 못한, 애매모호한 맛

Webster
약한, 무미한.

J. Aron
모든 면에서 부정적인 그러나 결함 풍미는
없는.

## ■ WOODY : 나무 맛

Webster
특유의 나무 맛 또는 그것과 비슷한.

Lingle
커피콩에 뚜렷한, 불쾌한 나무 같은 특성을
주는 맛의 오점.
- 숙성 과정 중 마지막 변화로, 저장 중 생
  두 속에서 유기 물질을 거의 완전히 상실
  한 결과.
- 커피를 상업적인 목적으로 사용할 수 없
  게 만든다.

Nestle
마른 나무의 냄새와 맛을 연상시킨다.
- 불완전한 콩(스펀지 같은 하얀 콩 또는 마
  른 콩)의 존재 때문일 수 있으며, 그것을
  로스팅 하면 아로마 특성을 발현시킬 수
  없다.
- 혹은 특유의 아로마를 상실하고 단지 나
  무 같은 성분만 지닌 오래된 커피를 사용
  했기 때문일 수도 있다.

CBC
- 변질되고 상업적인 가치를 잃은 생두.

Sivetz
커피의 변질에 기인한 맛.
- 나무나 종이와 비슷.

Ukers
- 변질되고 상업적인 가치를 잃은 생두.

Smith
- 단단한 나무 같은 풍미로, 보통 생두로 너
  무 오래 저장한 오래된 커피 때문임.

ICO
- 이 아로마 기술어는 마른 나무, 오크통,
  죽은 나무 또는 마분지의 냄새를 연상시
  킨다.

## 역자의 말

커피 풍미 평가에 관해서만 체계적으로 기술한 SCAA의 《Coffee Cupper's Handbook》을 국내 처음으로 완역, 소개하게 되어 매우 기쁘고 큰 보람으로 생각합니다.

몇 년간 커피 소매 현장에서 수많은 생두를 로스팅하고 추출하면서, 자연스럽게 그 복잡 오묘한 맛과 향의 평가 방법을 상세히 배우고 싶어졌습니다. 그런데 대개 국내 서적들은 이를 간략히 다루거나 SCAA 자료 일부만 요약·인용하고 있어 아쉬웠고, 그래서 SCAA 핸드북 전문을 한역(韓譯)해서 커피인 누구나 쉽게 읽고 활용하게 하자고 생각했습니다.

저자 Ted. R. Lingle은 스페셜티 커피 시장의 확대를 기저 목표로 삼고, 커피 테이스터들이 다양하고 독특한 커피 풍미들을 공통 용어로 표현하도록 훈련시키는 교재로 이 책을 기획했습니다. 1985년 처음 인쇄된 이후 수차례 개정되면서 그간의 연구가 반영되었고, 최근에는 플레이버 휠도 개정되었습니다.

이 책이 커피업체 관계자, 커피 로스터, 커피 감별사, 커피 전공자는 물론 커피를 더 깊이 알고 싶은 애호가에게도 실용적인 지침서가 되면 좋겠습니다. 일부 용어에서는 동서양의 식문화 차이, 또는 개인 간 식생활 경험 차이에 기인한 생경함도 있겠지만, 숙독하다 보면 공통 용어 사용의 진가를 확인할 수 있을 것입니다.

마지막으로, 우수 학술도서 출간의 사명감으로 《커피대전》에 이어 저의 이번 제안도 흔쾌히 수용해 주신 광문각출판사 박정태 회장님께 깊은 감사를 드립니다. 덧붙여, 전문 용어 한역에 따른 다소간의 미흡은 독자들의 합리적인 제안을 검토해 추후 보완되리라 믿습니다.

2016년 11월
양 경 욱

# 저자 소개

테드 알 링글(Ted R. Lingle)은 남캘리포니아에서 태어나고 자랐으며, 1966년 미국 육군 사관학교에서 학사 학위를 받고, 독일과 베트남에서 4년간 의무 복무를 마쳤다. 1978년에는 로스앤젤레스 우드베리 대학에서 경영 관리 석사 학위를 받았다.

링글은 그의 커피 경력 초기 20여 년 간 링글 브로스 커피 주식회사의 마케팅 담당 부사장이었는데, 이 사업은 그의 조부가 1920년 로스앤젤레스에서 시작한 것이었다. 이 기간 동안 그는 급식업, 사무실 커피 서비스, 그리고 스페셜티 커피 시장 세분화를 겨냥한 회사의 판매계획을 지휘했다. 그의 주요 책무에는 회사 제품에 대한 품질 기준 확립, 직원과 고객 모두를 위한 훈련 프로그램 지도 등도 포함되었다. 더불어 링글은 다양한 커피 산업 위원회나 회의에 회사를 대표했다.

링글은 1974년부터 1990년까지 전국커피협회의 가정 외 시장 위원회 멤버로 활동했다. 그는 전국커피서비스협회의 감독위원회에서 활동했고, 1990년 명예 회원으로 뽑혔다. 그는 미국 스페셜티커피협회를 설립한 공동 의장 중 한 명이었다.

링글은 1975년 커피 전도율 측정기의 개발을 주창했다. 커피 속의 가용성 고형물을 측정하기 위한 이 전자기기는, 1955년 액체 비중계가 만들어진 이후 음료의 질을 측정하는 최초의 방법이었다. 링글은 커피 전도율 측정기를 고안하면서 광범위한 연구를 지휘했다. 그 연구는 추출 농도 및 음료의 온도에 대한 전도율에 연관된 데이터 베이스를 발전시켜, 기구의 전자 측정을 가능하게 했다.

링글은 국제커피기구(International Coffee Organization)의 미국 지부인 커피발전그룹 CDG의 태동과 성장에 핵심 역할을 수행했다. 그는 급식업 교육 태스크 포스 및 대학 캠퍼스 태스크 포스의 초대 의장이었다. 그는 1985년부터 1986년까지 CDG 감독위원회에서 의장으로 활동했다.

1985년 링글은 커피 커핑에 쓰이는 기술 이면의 과학과 화학을 설명하기 위해 《커피 커퍼를 위한 핸드북》을 저술했다. 커피 커핑은 커피 테이스터들이 블렌드용 커피콩을 선택하기 위해 관능평가를 하는 전통적인 수단이다. 《커피 커퍼를 위한 핸드북》에서 다루고 있는 내용은 풍미의 화학적 성질의 기초, 커피 음료의 향 맛 바디가 화학적인 구성, 형태에 어떻게 관계되는지, 구성 요소의 형태와 강도, 그리고 커피에서 발견된 다양한 온도와 냉각이다.

링글은 1991년 미국 스페셜티커피협회 회장에 선출되었다. 그는 SCAA의 첫 번째 상근 직원으로서, 협회 회원 수가 1991년 350명에서 1995년 2,400명으로 괄목할만한 성장을 하는 동안 협회의 활동을 지도했다. 이 기간 중 협회는 커피의 씨앗부터 컵까지 모든 단계의 품질 가이드라인을 향상시키는 기술적 표준들을 많이 확립했다.

1995년, 링글은 우수한 음료 제조를 장려하기 위해 《커피 추출 핸드북》을 저술했다. 이 작업은 1952년부터 1964년까지 커피 추출 센터의 과학 감독을 지낸 어네스트 록하트 박사의 중요한 연구를 시초로 지난 15년 동안 커피 산업이 일궈낸 커피 추출에 대한 다양한 과학적 연구의 개론이다. 이 책은 커피 산업의 표준과 권고를 뒷받침하는 지식에 초점을 맞추어 만족할만한 추출 훈련을 돕는다.

링글은 1988년 콜롬비아 커피 생산자 연합으로부터 질적 향상을 위한 과학적인 노력으로 말미암아 국가 훈장을 받았다. 2004년에는 과테말라 전국 커피 생산자 연합으로부터 산지 명명에 기초한 판매 증진 업적으로 오렌 클로어 델 카페 상을 받았다. 2007년에는 동아프리카 커피 생산자들이 커피 판매의 가치와 규모를 스페셜티 커피 쪽으로 늘리도록 지원한 업적으로 동아프리카 우수 커피 협회로부터 바와나 카하와 평생 공로상을 받았다.

2006년 15년간의 SCAA 봉사를 마치고 회장 자리에서 물러난 링글은 SCAA가 1996년 설립한 비영리 재단인 커피품질기구(CQI)의 새로운 감독관이 되었다.

# 광문각 & 북스타 커피 시리즈

## 맛있는 커피의 비밀

정영진 · 차승은 공저 / 신국판 / 224쪽 /
정가 15,000원 /
ISBN 978-89-7093-757-1

핸드드립 커피에 대해 수년간 연구해
온 저자가 가장 맛있는 커피를 만들 수
있는 원리와 테크닉을 발견하였다.

1. 커피에 있어 종의 맛과 횟의 맛 / 2.
핸드드립 시 일련의 화학과정 / 3. 신
점드립 실습 모델링…

## 스페셜티 커피대전

다구치마모루 지음, 박이추 · 유필문 · 이정
기 공역 / B5 / 208쪽 / 정가 29,000원
ISBN 978-89-7093-692-5

스페셜티 커피라고 부르는 고품질 커
피에 대한 모든 것을 정리하였다.

1. 지식편 - 커피의 모든 것 / 2. 기술편
- 스페셜티 커피의 배전 / 3. 실천편 -
스페셜티 커피의 판매 / 부록. [대담] 스
페셜티 커피의 미래를 말한다…

## 커피대전

다구치마모루 지음, 이정기 · 양경욱 공역
B5 / 264쪽 / 정가 32,000원
ISBN 978-89-7093-710-6

커피에 입문하는 이들이 가장 많이 정
독하는 '교과서'로 평가받는다.

1. 커피콩에 대한 기초 지식 | 2. 시스템
커피학 | 3. 커피의 배전 | 4. 소형 로스
터로 배전하기 | 5. 커피의 추출 | 칼럼

## 커피학입문

히로세유키오 · 마루오슈조 · 호시다 히로시
공저, 박이추 · 서정근 공역 / 신국판 / 344쪽
정가 20,000원 / ISBN 978-89-7093-746-5

커피에 대한 총체적인 지식을 학술적
인 입장에서 명쾌하게 정리했다.

1. 커피학 서론 / 2. 커피의 식물학 / 3.
커피의 재배학1 / 4. 커피의 재배학2
/ 5. 커피의 지리학 / 6. 커피의 경제학
/7. 커피의 영양학과 건강학 / 8. 커피의
과학 / 9. 커피의 역사학…

## 신의 커피

마이클 와이즈먼 지음, 유필문 · 이정기 공역
신국판 / 336쪽 / 정가 15,000원
ISBN 978-89-7093-576-8

저자 마이클 와이즈먼은 이국적이며
역설적인 스페셜티 커피의 세계로 길
고 힘든 여정을 한다.

1. 커피를 사랑하는 사람들 / 2. 신의
커피 / 3. 니카라와 그라나다 / 4. 르완
다, 부룬디, 에티오피아 / 5. 파나마 /
6. 포틀랜드, 오리건…

## 커피와 공동체

사라 리온 지음, (사)한국공정무역연합 옮김
신국판 / 328쪽 / 정가 19,000원
ISBN 978-89-7093-735-9

공정무역 커피를 통해 지역 환경과 그
린 마운틴 커피 로스터가 말하는 '다
른' 세계에 대해 탐구해 보자.

1. 서론 / 2. 지역 주민의 생계와 세계
경제, 그리고 국제 정치의 역사적 융합
/ 3. 원조가 아닌 무역 / 4. 의무적인 부
담…

광문각 & 북스타 출판사에서는 다양한 커피 관련 서적이 출간되고 있습니다.
커피에 대한 모든 지식과 테크닉, 공정 과정에 대한 이론과 원리, 실무를 쉽게 배울 수 있습니다

## 세계 커피기행 1.2

최재영 지음 / 신국판 / 320쪽 /
각각 정가 17,000원

세계 7대 문명&자연과 인간&커피와 카
페를 블렌딩한 아주 특별한 기행!

1.인류와 커피의 고향을 찾아서 | 2.고
대 문명이 담긴 커피 향 | 3.찬란한 예
술을 꽃피운 커피 문화 | 4.자연과 행
복, 그리고 커피 사랑

## 커피디자인

정영진 · 조용한 · 차승은 공저
정가 23,000원
ISBN 978-89-7093-819-6

새로운 것과 객관적인 설명에 목마른
커피 애호가들에게 시원하게 목을 축
이도록 도와주는 엄청난 책

1.로스팅을 해보고 싶은 자를 위한 속
성 강의 | 2.로스팅의 원리 제대로 파헤
치기 | 3.커피콩에 대한 자세한 고찰 |
4. 알고 마시면 더 맛있는 커피

## 더 알고싶은 커피학

히로세 유키오 지음, 장상문 · 이정기 외 공
역 / B5 / 216쪽 / 정가 18,000원 / ISBN
978-89-7093-564-5

나의 커피론은 항상 공학적, 과학적 시
점에서 사고하는 것이다.

1.커피의 매력 | 2.커피의 배전에 대하
여 | 3.커피의 추출법 고찰 | 4.커피의
향과 색에 대해서 | 5.커피의 품질 평가
와 '기호'분석…

## 커피학

장상문 · 허경택 · 이정기 · 김윤호 공역
B5 / 360쪽 / 정가 20,000원
ISBN 89-7093-368-9

일본에서 출판된 커피 가공 분야의 전
문서적인 《커피배전의 화학과 기술》
을 지난 수년 동안 번역하여 《커피
학》으로 출판하였다.

1.커피의 역사 | 2.커피 생콩의 생산 |
3.생콩의 화학성분 | 4.배전의 화학 |
5.커피의 향기 | 6.커피의 제조기술…

## 커피의 과학과 기능

이정기 · 이상규 · 김정희 공역 / B5 / 320쪽
정가 25,000원
ISBN 978-89-7093-648-2

커피와 건강의 관계에 관한 연구가 커
피시장 확대에 어떻게 기여하고 있는
지 탐구해 보자.

1.커피의 역사 | 2.커피의 화학 성분 |
3.커피의 뇌에 대한 생리작용 | 4.커피
의 생체기관 | 5. 커피와 암

## 커피학개론

김윤태 · 홍기운 · 최주호 · 정강국 공지음 /
B5 / 280쪽 / 정가 23,000원
ISBN 978-89-7093-625-3

커피는 그 성분 면에서 매우 복잡하고
다양하기 때문에 커피에 대한 기본원
리를 광범위하고 포괄적으로 공부해
보자.

1.커피의 소개 | 2.커피의 재배 | 3.커
피의 생산 | 4.커피의 유통 | 5.커피의
화학적 조성 | 6.커피의 로스팅…

# 스페셜티 커피 감별법
## The Coffee Cupper's handbook

초판 1쇄 발행    2016년  11월   9일
초판 2쇄 발행    2019년   3월  20일
초판 3쇄 발행    2023년   2월   1일

| | |
|---|---|
| 지은이 | Ted R. Lingle |
| 옮긴이 | 양경욱 |
| 펴낸이 | 박정태 |
| 편집이사 | 이명수 |
| 감수교정 | 정하경 |
| 편집부 | 김동서, 전상은, 김지희 |
| 마케팅 | 박명준 |
| 온라인마케팅 | 박용대 |
| 경영지원 | 최윤숙, 박두리 |
| 펴낸곳 | 광문각 |
| 출판등록 | 1991.05.31 제12-484호 |
| 주소 | 파주시 파주출판문화도시 광인사길 161 광문각 B/D |
| 전화 | 031-955-8787 |
| 팩스 | 031-955-3730 |
| E-mail | kwangmk7@hanmail.net |
| 홈페이지 | www.kwangmoonkag.co.kr |
| ISBN | 978-89-7093-817-2   93590 |
| 가격 | 18,000원 |